国防科技大学惯性技术实验室优秀博士学位论文丛书

惯性导航重力补偿方法研究

Research on Gravity Compensation in Inertial Navigation

铁俊波　　潘献飞　　吴美平

曹聚亮　　练军想　　蔡劭琨　　著

U0376636

国防工业出版社

·北京·

内 容 简 介

　　本书针对水下长航时高精度惯性导航问题,开展了惯性导航重力补偿方法研究。研究了重力水平扰动引起惯性导航误差机理,并基于误差机理研究成果提出了重力水平扰动补偿方法;为保证重力水平扰动补偿方法对惯性导航精度的提升效果,分析了加速度计残余零偏对重力水平扰动补偿效果的影响,并提出了一种基于重力矢量测量原理的加速度计零偏估计方法;同时,从频域分析得到了对惯性导航精度影响显著的重力场球谐模型阶次范围,得到了改进的降阶重力水平扰动补偿方法。

　　本书对从事惯性导航算法研究与系统设计的工程技术人员具有一定的参考价值,也可作为高等院校惯性导航相关专业的研究生参考书籍。

图书在版编目(CIP)数据

　　惯性导航重力补偿方法研究 / 铁俊波等著 . —北京:
国防工业出版社,2020.5
　　ISBN 978-7-118-12038-7

　　Ⅰ. ①惯… Ⅱ. ①铁… Ⅲ. ①惯性导航系统-扰动补偿-方法研究 Ⅳ. ①TN966

　　中国版本图书馆 CIP 数据核字(2020)第 034761 号

※

*国防工业出版社*出版发行
(北京市海淀区紫竹院南路23号 邮政编码100048)
北京龙世杰印刷有限公司印刷
新华书店经售

*

开本 710×1000 1/16 印张 9½ 字数 163 千字
2020 年 5 月第 1 版第 1 次印刷 印数 1—1500 册 定价 85.00 元

(本书如有印装错误,我社负责调换)

国防书店:(010)88540777　　　发行邮购:(010)88540776
发行传真:(010)88540755　　　发行业务:(010)88540717

序

大学之道,在明明德,在亲民,在止于至善。

——《大学》

国防科技大学惯性导航技术实验室,长期从事惯性导航系统、卫星导航技术、重力仪技术及相关领域的人才培养和科学研究工作。实验室在惯性导航系统技术与应用研究上取得显著成绩,先后研制我国第一套激光陀螺定位定向系统、第一台激光陀螺罗经系统、第一套捷联式航空重力仪,在国内率先将激光陀螺定位定向系统用于现役装备改造,首次验证了水下地磁导航技术的可行性,服务于空中、地面、水面和水下等各种平台,有力地支撑了我军装备现代化建设。在持续的技术创新中,实验室一直致力于教育教学和人才培养工作,注重培养从事导航系统分析、设计、研制、测试、维护及综合应用等工作的工程技术人才,毕业的研究生绝大多数战斗于国防科技事业第一线,为"强军兴国"贡献着一己之力。尤其是,培养的一批高水平博士研究生有力地支持了我军信息化装备建设对高层次人才的需求。

博士,是大学教育中的最高层次。而高水平博士学位论文,不仅是全面展现博士研究生创新研究工作最翔实、最直接的资料,也代表着国内相关研究领域的最新水平。近年来,国防科技大学研究生院为了确保博士学位论文的质量,采取了一系列措施,对学位论文评审、答辩的各个环节进行严格把关,有力地保证了博士学位论文的质量。为了展现惯性导航技术实验室博士研究生的创新研究成果,实验室在已授予学位的数十本博士学位论文中,遴选出 12 本具有代表性的优秀博士论文,结集出版,以飨读者。

结集出版的目的有三:其一,不揣浅陋。此次以专著形式出版,是为了尽可能扩大实验室的学术影响,增加学术成果的交流范围,将国防科技大学惯性导航技术实验室的研究成果,以一种"新"的面貌展现在同行面前,希望更多的同仁们和后来者,能够从这套丛书中获得一些启发和借鉴,那将是作者和编辑都倍感欣慰的事。其二,不宁唯是。以此次出版为契机,作者们也对原来的学位论文内容进行诸多修订和补充,特别是针对一些早期不太确定的研究成果,结合近几年的最新研究进展,又进行了必要的修改,使著作更加严谨、客观。其三,不关毁誉,唯求科学与真实。出版之后,诚挚欢迎业内外专家指正、赐教,以便于我们在后续的研究工作中,能够做得更好。

在此,一并感谢各位编委以及国防工业出版社的大力支持!

吴美平

2015 年 10 月 9 日于长沙

前　　言

21 世纪是海洋的世纪,水下潜航器是世界各国探索海洋奥秘、开发海洋资源和争夺制海权的重要支撑。惯性导航系统是当前水下潜航器的主要导航定位手段,惯性导航具有全天候、不受外部干扰等优点,能够满足军用水下潜航器的隐蔽性需求。在包括惯性器件误差、算法误差和重力扰动的激励下,惯性导航系统误差随时间累积,严重地制约了潜航器水下长航时导航能力。随着惯性传感器精度的不断提高,重力扰动已逐渐成为影响惯性导航精度的主要误差源之一,补偿重力扰动对惯性导航系统的影响是提高水下潜航器长航时导航能力的一种重要途径。

本书针对重力扰动对惯性导航系统的影响,开展了惯性导航重力补偿方法研究,主要研究内容如下:

(1) 对重力水平扰动引起惯性导航误差的机理开展研究,从坐标系定义与矢量计算法则角度,分析了重力水平扰动对惯性导航初始对准与导航计算精度的影响,为后续研究重力水平扰动补偿算法奠定基础。

(2) 根据重力水平扰动引起惯性导航误差机理研究结论,从理论上证明了重力水平扰动补偿须在惯性导航初始对准与导航计算两个阶段同时进行,并根据两种导航坐标系定义,分别提出了重力水平扰动速度补偿方法和重力水平扰动姿态补偿方法。

(3) 分析了重力水平扰动补偿效果受到加速度计零偏的影响,建立了捷联式重力矢量测量噪声模型,并基于此模型提出了一种新的加速度计零偏估计方法,以消除加速度计零偏对重力水平扰动补偿效果的影响。

(4) 为更好地在工程应用中使用所提出的重力水平扰动补偿算法,从理论上定量地分析了不同航速条件下的重力水平扰动对惯性导航精度的影响,将分析结论与重力水平扰动补偿方法相结合,提出了重力水平扰动降阶补偿算法,降阶补偿算法能够以较小的计算量获得较好的补偿效果,在工程应用中具有重要价值。

笔者学术水平有限,难免有疏忽或不妥之处,敬请读者批评指正。

铁俊波

2019 年 10 月

目　录

第1章 绪　　论

1.1　研究背景和意义

21世纪是海洋的世纪,水下潜航器是世界各国探索海洋奥秘、开发海洋资源和争夺制海权的重要支撑,将被广泛地应用于科学、商业和军事领域[1]。水下导航定位系统提供的位置、速度与姿态信息是水下潜航器航行安全与实施有效作业的重要保证[2]。水下导航技术主要包括惯性导航技术、声学定位技术、地形匹配定位技术、地磁匹配定位技术和重力匹配定位技术等。

惯性导航系统(Inertial Navigation System,INS)是目前主要的水下自主导航定位方式,但惯导的误差随时间积累,需要其他的水下定位技术为惯导提供参考信息,以抑制其误差发散或定期校正。声学定位技术利用了声音信号在水下良好的传播特性,但声学定位不是自主定位方式,不能满足军事应用需求。地球物理场定位技术是近年来受到关注的水下定位技术研究方向,包括水下地形匹配定位、水下地磁匹配定位和水下重力匹配定位。

水下地形匹配定位利用回声探测等技术,提取海底地形特征信息后与海底地形基准图进行匹配以确定载体的位置、速度,其缺点在于需要载体贴近海底且隐蔽性较差[3]。地磁匹配定位是利用磁传感器提取地磁特征后与地磁基准图进行匹配定位,并且可依据地磁场与地理坐标系间的关系与规律,为载体提供方位和姿态信息,其主要缺点是易受载体磁自干扰的影响[4]。

海洋重力场特征相比于地磁特征更加稳定且不需近海底也能够获得,是一种理想的水下自主定位方式。本书中将重力信息用于辅助惯导的技术称为重力辅助惯性导航技术,该技术不仅通过重力匹配定位以修正惯性导航累积误差,还能够使用高精度重力信息提高惯性导航计算精度。

▶ 1.1.1　重力辅助惯性导航技术

早在20世纪60年代,重力辅助惯性导航技术就开始受到国外学者的关注与研究。随着相关技术的不断发展,为重力辅助惯性导航的研究提供了新的条件与方法。重力辅助惯性导航技术利用重力场信息提升惯导性能,根据重力信息利用方式,重力辅助惯性导航技术可分为重力补偿技术与重力匹配定位技术[1]。

重力补偿技术是在惯性导航框架内,通过使用更加精确的重力场信息以改善惯性导航编排,抑制惯性导航误差发散。重力匹配定位技术是利用重力传感器实时测量重力信息,并将其与重力基准图通过相关方法或最优估计方法实现匹配定位,并利用匹配定位结果修正惯性导航位置误差。重力匹配定位技术与重力补偿技术是从两个不同的角度利用重力信息提高惯导性能,这两种技术是紧密相关和相互促进的。

▶ 1.1.2 重力补偿与重力匹配定位的关系

对于水下重力匹配定位,影响匹配定位成功率和精度的因素主要包括匹配算法、重力基准图的精度与分辨率、重力测量精度及初始搜索位置精度。水下重力匹配定位以惯导为核心,即实现重力匹配定位所需的信息仅能由惯导提供,因此惯导精度对重力匹配的成功率和精度有重要影响。

惯性导航对重力匹配定位的主要影响包括:惯导姿态精度影响重力测量精度,惯导纬度、速度和航向精度影响厄特弗斯改正项计算精度,惯导的位置误差决定了重力匹配搜索算法的初始搜索位置和搜索范围。

重力匹配定位的原理和适配性理论表明,重力匹配定位需要在重力扰动垂向分量较大且变化剧烈的海域才能够顺利实施,由于重力扰动垂向分量与垂线偏差是紧密相关的[5],某海域的重力匹配定位适配性强也就意味着该海域的垂线偏差幅值较大,这将对惯导精度产生较大影响。

由上述分析可以看到这样的"矛盾":重力匹配需要大幅值、剧烈变化的重力扰动,但随之而来的垂线偏差又对惯导精度产生显著影响,惯导精度降低又不利于重力匹配的成功率与匹配精度。

重力补偿技术是缓解这个矛盾的有效方法之一,通过重力补偿减弱垂线偏差对惯导影响,以保证重力匹配定位的成功率和精度。从美国 Lockheed Martin 公司研制的具有代表性的通用重力模块(Universal Gravity Module, UGM)的技术方案中也可以看到这一点,该系统使用重力仪和重力梯度仪实现重力匹配定位,重力梯度仪的另一个重要作用是实时测量垂线偏差以补偿惯导系统。

重力补偿是实现重力匹配定位的基础,而重力匹配也能够为重力补偿提供支撑。重力补偿的核心问题之一是准确获取载体所处位置的垂线偏差数据。在没有梯度仪的情况下,垂线偏差数据将根据惯导提供的位置信息从预先存储的垂线偏差数据库中读取或通过重力场球谐函数模型计算得到,因此惯导系统的位置精度决定了获取的垂线偏差数据精度。

重力匹配定位能够有效地修正惯导系统的累积位置误差,有利于在没有重力梯度仪的条件下获取精确的垂线偏差数据,因此说重力匹配定位对重力补偿具有支撑作用。

通过上面的分析可以看到重力匹配与重力补偿是相互促进的两种技术,同时运用这两种互补的技术能够更有效地发挥重力信息对惯导精度的提升作用,这也是重力辅助惯性导航技术区别于地磁匹配导航和地形匹配导航的特点,即重力信息和惯导系统之间有着更深层次的耦合关系。

1.1.3　重力辅助惯性导航系统结构

重力补偿的信息流为:惯导向重力图或重力场模型提供位置信息,根据位置信息插值或计算得到垂线偏差数据,重力补偿算法根据垂线偏差数据计算补偿量以提高惯性导航计算精度,如图 1.1 所示。

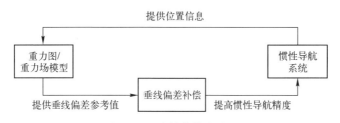

图 1.1　重力补偿信息流图

重力匹配的信息流为:根据惯导提供的位置,从重力图中提取区域重力扰动垂向分量基准图;根据惯导提供的纬度、航向和速度信息计算厄特弗斯改正项,获得重力扰动垂向分量测量值;将区域重力扰动垂向分量基准图、重力扰动垂向分量测量值以及惯导提供的初始位置送入重力匹配算法,获得重力匹配定位结果以修正惯导位置累积误差,如图 1.2 所示。

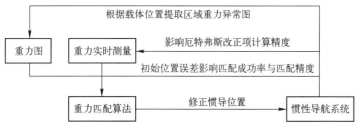

图 1.2　重力匹配信息流图

同时使用重力补偿技术与重力匹配技术所构建的重力辅助惯性导航系统如图 1.3 所示。外层回路为重力补偿,内层回路为重力匹配,内外层回路在惯导处相交,表明了两种技术耦合关系。

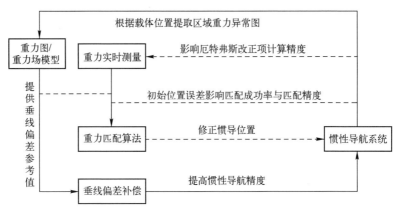

图 1.3　重力辅助惯性导航系统信息流图

1.1.4　重力补偿方法研究意义

重力辅助惯性导航的相关概念从 20 世纪 60 年代提出,在其发展过程中重力辅助惯性导航的内涵不断得到扩展。对重力辅助惯性导航的最早研究是从理论上分析垂线偏差对惯导的影响机理和影响程度。

20 世纪 70 年代,美国海军为提高战略核潜艇的导航性能,开始研究动态重力梯度仪、重力匹配定位理论、垂线偏差补偿方法等。21 世纪初形成了以美国 Lockheed Martin 公司研制的通用重力模块为代表的重力辅助惯性导航系统,以重力仪和重力梯度仪为测量手段,实现重力补偿与重力匹配定位,并能利用重力梯度仪对水下地形进行实时估计,极大地提升了美国战略核潜艇的导航性能。

随着国产惯性导航系统的不断发展,垂线偏差对 INS 系统影响将逐渐显现[6],水下长时高精度惯性导航需要无源重力匹配校准。基于高精度、高分辨率重力场模型和我国逐渐发展成熟的重力测量技术,重力辅助惯性导航将具有更加重要与可行的现实意义,本书将针对重力辅助惯性导航中的重力补偿技术开展研究。

1.2 重力辅助惯性导航技术国内外发展现状

1.2.1 国外重力辅助惯性导航技术发展现状

国外重力辅助惯性导航技术的发展主要包括三个方面：

（1）理论研究，通过理论研究认识到垂线偏差影响惯导精度，进行了定性、定量地分析和补偿方法的研究。

（2）测量仪器研究，包括重力梯度仪和重力仪，为重力辅助惯性导航发展提供重力测量技术和重力数据基础。

（3）重力辅助惯性导航系统的研制，将理论研究成果与重力测量技术相结合，研制具备实用价值的重力辅助惯性导航系统。

1.2.1.1 垂线偏差对惯性导航系统影响分析

20 世纪 60 年代，学者们认识到对于地球表面附近的惯性导航来说，对重力场的了解程度决定了加速度计的测量精度，也影响着惯性导航的精度。

1962 年，Myron Kayton 在文献[7]中讨论了惯性器件的极限测量精度。惯性坐标系是牛顿力学的基础，也是惯性导航的基础，虽然严格意义上的惯性坐标系是不存在的，但我们可以假设存在近似的惯性坐标系以使惯性导航的原理成立，例如，对于地球表面附近的惯性导航来说，通常将地心地固系作为惯性导航中所假设的惯性坐标系。

正是因为惯性导航是建立在近似惯性系基础上，Kayton 认为在地心地固系下陀螺的测量精度极限是 $5 \times 10^{-5} \text{deg/h}$，加速度计的测量精度极限是 10^{-5}g。但是地球附近的惯性导航系统中，加速度计的实际极限精度，不仅受到上述近似惯性系的影响还受到重力场的影响，加速度的实际测量极限精度是由重力信息的精度决定（地球表面重力异常量大于加速度计的测量误差）。

在 Kayton 定性分析的基础上，1968 年，Levine 和 Gelb 提出惯性导航的极限精度决定于重力场信息的精度[8]，Levine 和 Gelb 认为即使惯性传感器、导航算法和导航计算机都是理想的，惯性导航将仍然会存在误差，误差源头就是惯性导航所使用的地球重力场信息的误差。随后，Levine 和 Gelb 于 1969 年在文献[9]中针对惯性导航单通道误差协方差模型定量地分析了垂线偏差对惯性导航的影响，其分析思路是：依据美国地区的垂线偏差数据，将垂线偏差建模为一阶高斯-马尔科夫过程，并代入到惯性导航单通道误差协方差微分方程中，定量地评估了垂线偏差对惯性导航的影响，定量分析结论说明了垂线偏差补偿的必要性。

1968 年,Nash 在文献[10]中分析了重力水平扰动对惯导系统影响与载体机动方式间的关系,由垂线偏差所引起的重力水平扰动信号是一个距离相关的信号,随着载体空间位置的变化,这些距离相关信号以时间相关信号的形式进入 INS,载体的机动方式决定了由距离相关的信号到时间相关信号的转换。

Nash 分析了四种常见机动方式,包括匀速航行、定向航行、往返航行和匀速变向航行。随后,Nash 从频域的角度再次分析了垂线偏差对 INS 的影响与补偿需求[11],得到了新的具有启发性的结论。Nash 假设在载体执行任务前,其航迹区域内的垂线偏差等间距网格数据是已知的,那么利用这一垂线偏差网格数据补偿 INS 时,在一定的导航精度要求下,如何确定网格数据精度和分辨率的要求就显得非常重要,其分析表明垂线偏差在舒勒环中引起的姿态误差和速度误差具有不同的频域特性,这就导致了在利用垂线偏差网格数据进行补偿时,补偿姿态计算和速度计算所需要的网格分辨率是不同的。

美国空军系统司令部航空系统部 GAM-87 工程办公室公布了一份撰写于 1963 年的技术文献报告[12],该报告的研究内容、仿真和试验数据来自于 GAM-87 制导系统的研发,GAM-87 是 20 世纪 50 年代美国空军研发的一种空射弹道导弹。该报告中研究了一种特殊的惯性导航机械编排方式,在该机械编排下舒勒调谐惯性平台所构建的水平面与指向地心的引力矢量正交,而不是与参考椭球的法线或正常重力矢量正交,这就使导航坐标系的垂向轴能够指向地心。该报告进一步推导了该机械编排下的加速度、速度和位置计算公式。该报告中没有直接体现垂线偏差补偿等内容,但是通过定义一种特殊的坐标系来实现惯性导航机械编排是具有启发性的,本书 3.3 节所述重力水平扰动姿态补偿算法就是一种通过定义特殊坐标系来解决重力水平扰动补偿问题的方法。

20 世纪 70 年代,对垂线偏差影响惯性导航的分析更加贴近实际,研究了惯性导航和组合导航中垂线偏差补偿方法。Jordan 利用方差分析法分析了重力水平扰动的影响[13],不同于文献[9]将重力扰动建模为一阶高斯-马尔科夫过程,Jordan 建立了新的重力扰动模型,称为自洽的重力扰动模型。该模型是基于位场理论建立,而不是完全从数学的角度考虑,因此 Jordan 建立的重力水平扰动模型更加符合真实的重力水平扰动变化规律,Jordan 综合考虑了重力异常、垂线偏差和大地水准面异常之间的约束关系,建立了垂线偏差的三阶马尔科夫模型并应用到惯性导航的误差分析中。

Jordan 进一步研究了重力水平扰动对阻尼惯性导航系统的影响[14],针对四种重力扰动模型和两种载体机动方式开展研究,四种重力扰动模型分别是重力异常指数模型、大地水准面异常二阶马尔科夫模型、重力异常二阶马尔科夫模型和大地水准面异常三阶马尔科夫模型;两种载体机动方式分别是高速直航和低速直航,但文献中并没有说明高速与低速的具体数值。仿真结果表明,对于高速直航情况,四种重力扰动模型对 INS 产生的影响近乎一致;对于低速载体,不同的重力扰动模型对 INS 产生了不同的影响,其中重力异常指数模型和大地水准面异常二阶马尔科夫模型的影响基本一致,重力异常二阶马尔科夫模型和大地水准面异常三阶马尔科夫模型的影响基本一致,这一研究成果对于重力扰动建模研究具有重要意义。

Harriman 利用功率谱分析方法研究了垂线偏差对航空 INS 的影响[15],其研究目的在于分析重力水平扰动在 INS 误差回路的传播规律。不同于在当地地理坐标系下进行分析[9,10,14,16],Harriman 是在载体坐标系下分析重力水平扰动对 INS 的影响。Harriman 首先在频域中建立了惯性导航误差响应时变模型,而后将地理坐标系下的重力水平扰动功率谱投影到载体坐标系下,得到了 INS 横滚轴向和俯仰轴向的速度误差、位置误差协方差,其研究结果表明,重力水平扰动对 INS 的影响大部分是通过俯仰轴向通道进入误差传播回路,而后再由科里奥利力(Coriolis force)的耦合作用下进入横滚轴向通道。

1.2.1.2 垂线偏差补偿方法研究

1975 年,Chatfield 研究了垂线偏差的补偿方法[16],并将其用于惯性导航和惯性/多普勒组合导航仿真实验中。Chatfield 将两种不同的重力模型用于数据处理,第一种是参考椭球的正常重力模型,第二种是包含 $C_{0,0}$、$C_{2,0}$ 项的重力场球谐函数模型,在使用重力场球谐函数模型的仿真中,惯性导航、惯性/多普勒组合导航的精度均优于使用正常重力模型的仿真结果,并指出如果重力场球谐函数模型的阶次和精度更高,将会获得更好的补偿效果。

文献[17]指出重力梯度数据比重力异常数据更有利于辅助惯性导航。标量重力仪只能测量重力扰动垂向分量,利用重力仪只能对 INS 垂向通道进行校正,而无法实现 INS 水平通道的校正。理论上,通过 Vening-Meinesz 公式可由重力异常数据计算垂线偏差,但该公式的计算需要用到全球范围内的重力异常数据,对重力数据量的要求较高且实时计算难度较大。

为解决垂线偏差的实时获取问题,在 1975 年波士顿举行的导航与控制会议上,与会学者探讨了应用重力梯度仪提高 INS 性能的方法。会议中,Gerber 探讨了重力梯度仪测量误差对重力梯度/惯性组合导航系统的影响[18]。Gerber 使用卡尔曼滤波器处理重力梯度仪数据以估计惯性导航误差,并利用卡尔曼滤波器的协方差方程仿真分析了重力梯度/惯性组合导航系统误差增长规律,其仿真结果表明重力梯度/惯性组合导航系统误差在一个舒勒周期的时间内主要由重力梯度仪的零偏和零偏漂移决定,而其长周期误差则由舒勒频率附近的随机噪声决定,该结论对后续的重力梯度/惯性组合导航系统研制具有重要参考意义。

20世纪70年代,美国在重力梯度仪技术上取得显著进展,使用重力梯度仪实时测量垂线偏差以补偿惯性导航已成为可能。理论上,将重力梯度仪的输出数据乘以载体速度后送入积分器即可得到垂线偏差,但是积分结果中将含有大量重力梯度测量噪声,因此这种开环积分方法难以应用到工程实践中。在这一背景下,Heller 和 Jordan 于 1975 年在波士顿举办的美国航空航天学会(American Institute of Aeronautics and Astronautics, AIAA)制导与控制会议上提出了两种重力梯度/惯性组合导航系统方案[19]。

文献[19]提出的第一种方案是重力梯度仪作为外部导航辅助的机械编排方案(Gradiometer as a External Navigation Aid Mechanization,GENAE);第二种方案称为参考椭球作为外部导航辅助的机械编排方案(Reference Ellipsoid as a External Aid Mechanization,REEAEA)。

GENAE 方案如图 1.4 所示,利用重力梯度仪实时输出的重力梯度张量与参考重力模型计算的重力梯度张量之差乘以 INS 输出的速度,作为卡尔曼滤波器的观测量,以估计 INS 的速度误差、位置误差和重力水平扰动。从其结构可以看到,重力梯度仪、卡尔曼滤波器与 INS 系统是分离的,因此重力梯度仪的测量噪声并不会直接进入 INS 系统的积分回路,而只是反映在卡尔曼滤波器的估计误差中。

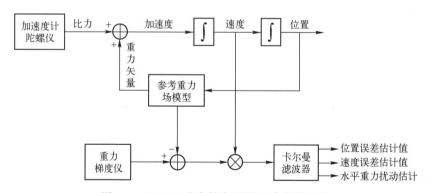

图 1.4　GENAE 重力梯度/惯性组合导航方案

REEAEA 方案如图 1.5 所示,通过对比可以看到,两种方案中卡尔曼滤波器的观测量是相同的,因此 REEAEA 中卡尔曼滤波器的观测方程与 GENAE 相同,其不同之处是:惯性导航解算所使用的重力矢量是由重力梯度仪积分得到,而不是通过参考重力场模型计算得到,因此两者的惯性导航误差传播规律和卡尔曼滤波器的状态方程有所区别。通过卡尔曼滤波器状态误差协方差分析可知,两种方案对惯性导航误差发散的抑制效果是基本一致的,但由于 REEAEA 方案中存在对重力梯度仪输出量的开环积分,当重力梯度仪的噪声水平较高或者存在较大的零偏时,会导致 REEEAEA 方案出现计算稳定性问题,因此 GENAE 方案是一种更适宜于工程应用的重力梯度/惯性组合导航方案。

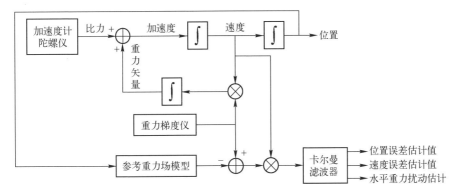

图 1.5　REEAEA 重力梯度/惯性组合导航方案

20 世纪 80 年代,随着重力梯度仪技术的成熟,国外学者在文献[19]的基础上,对重力梯度/惯性导航的组合模式开展了更深入的研究。同时,为更好地发挥重力梯度数据对 INS 性能的提升效果,更深入地研究了重力水平扰动影响惯性导航误差机理。

1980 年,斯坦福大学的 Wells 和 Breakwell 在文献[19]的基础上,提出了将重力梯度仪、INS 和测速仪三者进行组合的新方案[20]。文献[20]采用了文献[19]中所述的 GENAE 方案,并在设计卡尔曼滤波器状态方程时,采用了简单的二阶马尔科夫模型和复杂的分层模型对重力水平扰动进行建模,其特点在于:在 GENAE 方案的基础上,加入了测速仪信息,通过外部速度参考对舒勒环的误差振荡进行阻尼,对 INS 误差的估计精度相比于传统的 GENAE 方式有了明显的提升。但作者也指出了其工作的局限性在于只是针对单通道惯导误差方程进行了估计并且仅使用了重力梯度张量的一个分量作为卡尔曼滤波器的观测量。

1988 年,霍尼韦尔(Honeywell)公司的 Hanson 对垂线偏差与加速度计零偏的耦合效应进行了分析[21],Hanson 的分析解释了为何同一区域的垂线偏差对不同 INS 造成的影响有所差异,这是重力补偿技术中的一个关键点,将在本书第 4 章进行讨论。

1.2.1.3　重力梯度匹配定位方法研究

在 20 世纪 90 年代之前,国外学者主要研究的是重力水平扰动对 INS 的影响与补偿。虽然基于重力梯度仪的重力补偿技术能够较好地抑制垂线偏差对 INS 的影响,但由于惯性器件的漂移和噪声,重力补偿技术仅能抑制惯性导航误差累积,但不能校正已有的位置误差。

20 世纪 90 年代以后,随着重力测量技术的发展和重力数据的积累,逐步获取了全球范围内大面积、高精度重力数据,为后续的重力匹配定位方法研究创造了条件,为解决惯导误差积累问题提供了一种较好的方法。

1990 年,Bell Aerospace Textron 公司发表了文献[22],这篇文章介绍了重力匹配方法的发展,文献[22]提出使用重力梯度进行匹配定位,重力梯度张量中的 5 个独立分量构成了匹配特征,使用重力梯度进行匹配有两个明显的优点:首先,重力梯度是重力位的二阶导数,具有更多益于提升匹配精度的高频信息;其次,重力梯度测量可以较好地隔离载体加速度的影响,有利于实现动态测量。1990 年,Bell Aerospace Textron 研制的重力梯度仪通过地面试验表明,其测量精度已经达到了可用于重力辅助导航的要求,但文中未给出具体指标。Bell Aerospace Textron 研制的重力梯度仪的关键技术是通过旋转调制将重力梯度信号调制到旋转速率的 2 倍频上,需要使用三个重力梯度传感器(Gravity Gradiometer Instrument,GGI)以测量重力梯度张量。

随后,Bell Aerospace Textron 根据其所研制的重力梯度仪的指标,进行了重力梯度匹配定位仿真。实现重力梯度匹配首先要解决重力梯度基准图的制备,这就需要大范围的高精度重力梯度数据,这在当时是难以做到的,因此使用了分辨率 20km×20km 的数字地形高程数据计算重力梯度图,但其缺少了地质变化所引起的低频重力梯度信息。

文献[22]通过理论分析指出,影响重力梯度匹配精度的主要是高频重力梯度信号,并认为相关距离小于 10km 的高频重力梯度信号对于重力梯度匹配精度具有最关键的影响,而由地形高程数据计算的正是这种高频信号,因此认为通过地形高程数据构建的重力梯度基准图能够基本满足重力梯度匹配定位需求,而海洋部分的重力梯度图则通过卫星测高数据和海洋深度数据联合计算得到。

文献[22]对其所设计的重力梯度匹配定位系统进行了仿真分析[23],仿真条件为:重力梯度仪的测量噪声为 $900E^2/Hz$(此噪声水平来自实际飞行测试结果),惯导系统陀螺漂移速率为 $0.0001°/h$,飞行离地高度为 200m,飞行速度为 360km/h,其仿真结果显示水平位置误差为 $18.2\sim60.9m$(CEP),高度误差均方根为 27.4m。当惯性系统精度较低,陀螺漂移速率为 $0.01°/h$,飞行高度为100~

400m 时,水平位置误差为 30.5 ~ 91.4m(CEP),高度误差均方根为 18.2 ~
45.7m。在仿真中也验证了飞行高度较高时,重力梯度信号衰减很快,将降低重
力梯度匹配定位精度。

1.2.1.4　重力异常匹配定位方法研究

20 世纪 90 年代,随着水下无人潜航器的发展,适用于水下无人潜航器的重
力导航技术受到国外学者关注[24]。Kamgar-Parsi 基于其前期研究成果[25-27],
于 1999 年针对小型水下潜航器的重力匹配定位需求,提出迭代最近等值线算
法(Iterative Closest Contour Point,ICCP)[28]。

ICCP 算法的提出是基丁两个假设条件:一是重力测量点的位置在重力测
量值的等值线附近;二是载体的真实位置在重力测量点附近。第一个假设条件
是容易满足的,第二个假设条件对 INS 的精度提出了较高的要求,并且当惯性
导航的位置误差积累较大时,ICCP 算法并不能够保证匹配精度。

ICCP 算法的基本思想是:以连续的重力异常测量位置为顶点,将载体的实
际航迹和惯导系统指示航迹进行分段,得到两条多边弧形段。根据这两条多边
弧形的几何关系,以欧几里得距离为度量,建立关于两条多边弧形距离的匹配
目标函数,并通过非线性优化方法求解该目标函数。作者采用单纯形下山法进
行求解[29],最优的匹配目标函数解是一组几何变换,该几何变换能够将惯导指
示航迹段变换到重力测量值的等值线上且使匹配目标函数取得极小值。这组
几何变换包括平移、旋转、弯曲、拉伸和压缩,用多样化的几何变换应对惯导的
航向误差、速度误差、航向误差与速度误差的变化。

Kamgar-Parsi 使用了刚度系数来调节所求解的几何变换的刚度,当刚度系
数趋近于无穷时,求解出的几何变换只包含平移和旋转两种刚性变换,且匹配
的轨迹将严格约束在重力测量点附近;当刚度系数趋近于零时,求解得到的几
何变换就具有很好的延展性,能够较好地应对惯导航向误差和速度误差的变
化。Kamgar-Parsi 以刚度系数趋近于无穷的情况,证明了算法的收敛性并对算
法进行仿真验证。值得注意的是 ICCP 算法实际包含了弯曲、拉伸和压缩等非
刚性几何变换,但由于包含非刚性变换会给求解匹配目标函数带来较大困难,
在后续的基于 ICCP 算法的相关研究中,一般只考虑了刚性变换情况。

2002 年,在 ICCP 算法提出后,Bishop 对 ICCP 算法进行了全面的数值分析
研究[30],以确定影响 ICCP 算法匹配精度的要素。Bishop 利用 Kriging 法对稀疏
和不规则的重力数据进行插值处理以获得规则的、不同分辨率的重力异常网格
基准图。仿真结果表明,通过 Kriging 插值方法[31]得到的重力异常网格基准图
适用于 ICCP 匹配算法,其匹配结果能够有效地校正惯性导航位置累积误差。

Bishop 设置的仿真条件包括载体轨迹、重力基准图的分辨率及精度、INS 精

度和匹配序列长度。仿真结果表明:影响匹配精度的要素包括重力基准图分辨率与精度、匹配序列长度、匹配路径在重力基准图上的位置以及惯性导航位置误差。

重力基准图分辨率与精度对 ICCP 的影响体现在:ICCP 算法的基本假设之一是载体测量重力的位置在重力测量值的等值线附近(在无误差的情况下,则恰好在等值线上),网格分辨率越高,由网格计算得到的等值线就越密,越有利于这一假设的成立。采用更长的匹配序列,有利于避免在求解匹配目标函数的过程中得到局部极小值;但是,匹配序列过长将导致 ICCP 算法的延时过大。匹配路径在重力基准图上的位置影响匹配精度,实际反映了重力匹配适配性的问题,在重力异常变化大、重力变化特征丰富的区域更易实现匹配。最后,ICCP 算法的另一个基本假设是惯性导航指示位置在重力测点位置附近,当惯导精度越高时越有利于这一假设的成立。

2006 年,俄亥俄州立大学 Jekeli 教授研究了一种基于重力梯度补偿的超高精度 INS[32]。Jekeli 认为制约未来 INS[33,34] 精度的瓶颈在于重力,提出通过全张量重力梯度测量修正惯性导航误差并进行了仿真。

文献[35]详细介绍了如何使用扩展卡尔曼滤波实现重力梯度仪与惯性导航组合,给出了建立扩展卡尔曼滤波器状态方程和观测方程的详细推导过程。

1.2.1.5 重力测量仪器研制

文献[36]介绍了重力梯度仪研制历程,20 世纪 70 年代美国海军和空军共研制了三种动基座重力梯度仪原理样机。第一种原理样机由休斯飞机公司的 Robert Forward 设计[37],其设计方案是:将检测质量块安装在十字形结构件的末端,将十字形结构件旋转后测量其中心处由于重力梯度所引起的合力矩。第二种重力梯度仪原理样机由 Charles Stark Draper 实验室的 Milton Trageser 设计,其设计方案是:通过液浮哑铃形的检测质量块实现重力梯度测量。第三种重力梯度仪原理样机由 Bell Aerospace Textron 的 Ernest Metzger 设计,通过将匹配的加速度计对输出求差分以实现重力梯度测量,称为旋转加速度计式重力梯度仪。

美国海军最终从这三种重力梯度原理样机中选择了 Bell Aerospace Textron 设计的旋转加速度计式重力梯度仪。随后,在 1983 年 2 月,在美国国防制图局(Defense Mapping Agency)资助下,美国空军地球物理实验室(Air Force Geophysics Laboratory,AFGL)也选择了旋转加速度计式重力梯度仪原理样机以研制新的重力勘查系统,该系统于 1987 年研制完成,命名为重力梯度勘查系统(Gravity Gradiometer Survey System,GGSS),并交由美国空军菲利普斯实验室使用[36]。

GGSS 的核心传感器是 Bell Aerospace 的 VII-G 型摆式加速度计,如图 1.6

所示,检测质量块安装在摆式支撑件上,检测质量块的加速度通过检测质量块两边的电容传感器检测,加速度信号产生、放大后转换为电流信号且该电流信号作用于力矩器后将检测质量块限制在零位。

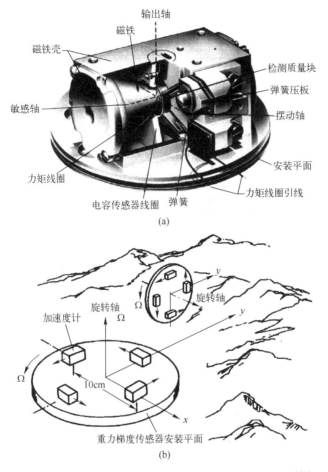

图 1.6　Bell Aerospace Textron Ⅶ-G 型加速度计与 GGI[36]

两对 Ⅶ-G 型加速度计安装在转盘平面上,其敏感轴在转盘平面内且与转盘转轴正交,加速度计对安装间隔为 10cm,以构成重力梯度测量单元 GGI,并使用了 9 种检测/反馈回路对加速度计的安装误差、刻度因子不匹配误差、敏感轴安装误差和非线性误差等进行实时补偿,GGI 及 GGSS 系统如图 1.7 所示。

GGI 安装在直径约 20cm 的箱体中,GGSS 中包含三个 GGI,三个 GGI 呈伞形配置且相互正交,每个 GGI 的旋转轴与水平面的夹角均为 $\mathrm{arccot}\sqrt{2} = 35.264°$。

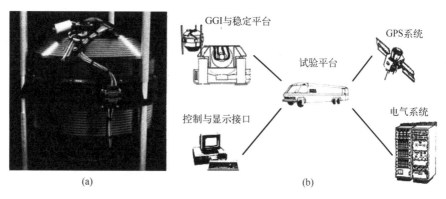

图 1.7　GGI 与 GGSS 系统

采用伞形配置的好处是能够减小 GGSS 的体积,降低 GGI 标定难度。

通过三轴稳定平台将 GGI 稳定在北-东-地坐标系下,三轴框架由内到外依次是航向框、横滚框和俯仰框,GGI 固联在最内层的航向框上。航向框上除了安装有 GGI 之外,还安装了两只 Litton G1200 型陀螺和三只 Bell XI-79 型加速度计为稳定平台控制回路提供姿态信息,同时也为数据处理中的载体自梯度补偿提供姿态信息。

文献[23]总结了制约重力梯度仪精度的瓶颈因素,主要包括对加速度计标定误差的补偿,由于温度、压力变化造成的加速度计对失配,自梯度补偿技术以及热噪声的补偿。

文献[23]还详细介绍了 GGSS 系统的数据处理流程,原始数据的采样频率为 16Hz,采样后需要对向心力和自梯度进行补偿。引起自梯度的场源体包括安装 GGI 的稳定平台、GGI 附近的结构件以及载体,自梯度可以建模为欧拉角的函数,该欧拉角描述了安装 GGI 的稳定平台的内环与载体间的姿态关系。在完成向心力与自梯度补偿后,进行解调处理并经低通滤波,最终得到输出频率为 1Hz 的重力梯度数据。

GGSS 系统的测试分为三个阶段,包括实验室标定、重复性测试以及重力梯度测量试验。

实验室测试阶段主要是对 GGSS 系统中的传感器进行标定,如图 1.8 所示。GGI 中加速度计的标定是重力梯度仪的关键技术,文献[36]仅披露了 GGSS 的标定方法是通过内框的旋转引入一个可控的已知梯度变化来实现 GGI 的标定。载体姿态的变化将使 GGSS 系统产生的自梯度随之改变,因此确定 GGSS 系统的自梯度也是标定中的重要内容,通过不断改变 GGSS 系统的姿态,将不同姿态下的梯度仪输出与水平静态情况下的输出进行比较,以获得自梯度补偿参数。

图 1.8　GGSS 系统标定试验图[36]

重复性测试的目的是了解 GGSS 系统在典型环境下的噪声水平,测试方法是将 GGSS 系统沿着相同路径来回移动和进行重复线飞行试验。该重复性飞行试验是在一块边长约 315km 的方形测区进行,该测区中心坐标为 34.8°N 98.8°W(该区域位于美国中南部,得克萨斯州与俄克拉荷马州交接处),该区域包含了俄克拉荷马州西南部的平坦区域,也包含了得克萨斯州北部的重力异常较大区域。为了增强测试过程中的信噪比,飞行测试中飞机的飞行高度为 750~800m。重复性测试飞行中,进行了 1 次长约 300km 的回环飞行、1 次包含 64 条南北向平行测线的飞行和 1 次包含 64 条东西向平行测线的飞行,平行测线间隔均为 5km,飞行速度均为 400km/h。在此测试区域中,使用重力仪和天文方法对 29 个点的重力异常和垂线偏差进行了精密测量,并作为评估重力梯度仪测量精度的参考依据。

最后,在 1987 年进行了 GGSS 系统重力梯度勘查性能飞行试验,载机的飞行速度为 400km/h,处理 GGI 的低通滤波器的截止频率设置为 0.06Hz,重力梯度测量值中所包含的最高频重力梯度信号的波长约为 1.9km,飞行过程中重力梯度仪平均噪声水平为 $900E^2/Hz$,此噪声水平相当于 10s 平均后重力梯度测量误差均方根为 10E。

1.2.1.6　重力辅助惯性导航系统研制

针对 1998 年美军参谋长联席会议所公开的关于定位、导航和授时的未来发展规划,Lockheed·Martin 公司海军电子与观测系统部的专家于 2000 年发表了文章[38],介绍了美国海军下一代高精度导航系统发展规划,同时介绍了

Lockheed Martin 公司在重力辅助惯性导航系统研制方面的进展。

文章指出,2000 年,Lockheed Martin 公司向美国海军介绍了其研发的一种新型基于重力的导航系统,该系统基本可以替代 GPS 在潜艇导航中的作用,使潜艇能够实现港口到港口的隐蔽航行,该系统名为通用重力模块(Universal Gravity Module,UGM)[38]。

UGM 是一个独立工作模块,与惯导系统连接后可实现重力辅助导航,UGM 的功能包括:

(1)重力无源导航(Gravity Passive Navigation,GPN)。无须浮出水面或发射信号,依靠重力测量信息和重力基准图等,获得惯导误差修正信息。

(2)地形估计(Terrain Estimation,TE)。通过重力梯度变化反演出周围地形变化,获得实时局部三维海底地形,使潜航器在水下航行时更加安全,在进出港口时更加隐蔽。

UGM 系统包含重力测量子系统、信息处理子系统和显控接口,如图 1.9 所示,其中:

(1)重力测量子系统包含重力仪和旋转加速度计式重力梯度仪[39],提供重力测量数据以生成惯性导航误差修正信息与海底地形估计,通过三轴陀螺稳定平台保持重力仪和重力梯度仪稳定在水平面内。

(2)信息处理子系统包含数据处理器和稳定平台电机控制器,处理重力传感器数据以获取重力异常及重力梯度数据,生成惯性导航修正信息及海底地形估计,执行从显控接口接收的指令。

(3)显控接口为操作人员提供人机交互接口,接收操作人员输入的控制指令,显示估计的海底三维地形。

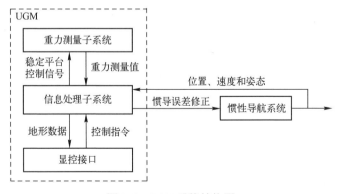

图 1.9　UGM 系统结构图

UGM 算法包括重力导航算法与地形估计算法。重力导航算法生成惯性导航修正信息,保证了惯导系统的长航时定位精度。海底地形估计算法生成海底三维地形,保证航行安全。

重力导航算法使用重力测量值、重力基准图估计惯导系统误差,算法结构如图 1.10 所示。

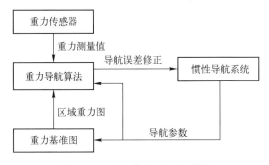

图 1.10　重力导航算法结构图

闭环修正不仅校正了惯导系统累积误差,还连续地估计惯性器件误差,相当于对惯导系统进行了在线标定,即便 UGM 系统出现故障,由于惯性器件误差已被校正,惯导系统依然能保持一段时间的高精度定位。

重力导航算法使用四种观测数据生成惯导修正信息,前三种观测数据作为卡尔曼滤波器的观测量以估计惯导系统误差,第四种观测数据直接作用于卡尔曼滤波器的状态量,所述四种观测数据包括:

(1) 第一种观测数据,实测重力异常与重力异常图的差值。

(2) 第二种观测数据,实测重力梯度与重力梯度图的差值。

(3) 第三种观测数据,重力梯度测量值与惯导速度相乘后积分,并与重力仪测量值作差,可得惯导东向速度误差估计值。

(4) 第四种观测数据,将重力梯度测量值与惯导速度相乘后积分得到垂线偏差。

美国海军于 1999 年将 UGM 搭载于战略导弹核潜艇(US Navy strategic missile submarine)进行了水下试验,使用 UGM 系统辅助静电陀螺 INS;随后,在先锋号导航测试船(USNS Vanguard Navigation Test Vehicle,NTV)上进行了第二次试验。

试验中,重力基准图为分辨率 1nmile 的重力网格数据,试验中重力导航算法采用开环修正方式,仅对惯导系统输出进行修正,并将修正后的惯导速度与 GPS、声呐测量速度进行比对。

因为具体的数据是保密的,公布的试验结果为使用了 UGM 系统辅助后的惯导速度误差与未使用 UGM 系统时的惯导速度误差的比值,试验结果如

表 1.1 所列。

表 1.1 UGM 试验结果

测 试 载 体	北向速度误差比值	东向速度误差比值
SSBN	0.73	0.62
NTV	0.91	0.77

试验分析表明:速度精度的提高主要依赖于重力导航算法中第三、第四种观测量。第三种观测量有效地减小了各种误差源引起的东向速度误差,而第四种观测量减小了垂线偏差对北向、东向速度的影响。

1.2.2 国内重力辅助惯性导航技术发展现状

2000 年以来,重力辅助惯性导航方法逐渐得到国内导航、测绘技术领域学者的重视。一方面,随着国产惯性传感器精度不断提高,垂线偏差成为 INS 的主要误差源之一;另一方面,随着国产重力仪技术不断成熟、超高阶全球重力场模型公开发布,实测重力数据与重力场模型为重力辅助惯性导航技术的发展创造了条件。

从国内院校、科研院所和工业部门发表的文献来看,目前国内重力辅助惯性导航技术研究的现状是:

(1) 处于原理分析、仿真验证阶段,试验验证少。

(2) 着重重力匹配定位技术研究,重力补偿技术研究少。

(3) 在重力匹配定位技术研究中,主要关注匹配算法和匹配适配性分析,关于水下实时重力测量、水下重力测量数据处理方法的研究少。

1.2.2.1 重力辅助惯性导航理论研究

文献[40]分析了垂线偏差对 INS 的影响,推导了垂线偏差统计模型与 INS 位置误差均方差间的传递函数,并利用重力场球谐函数模型分析了典型载体运动速度下重力水平扰动所引起的惯性导航位置误差量级,进而给出了重力水平扰动补偿的指标,最后分析了 EGM2008 全球重力场球谐函数模型用于重力补偿的适用性。

文献[41]提出了一种重力水平扰动补偿方法,将重力水平扰动作为卡尔曼滤波器的状态之一,利用 GPS 和惯导的速度之差作为卡尔曼滤波器的观测量,实时地估计重力水平扰动,并将估计结果用于补偿惯性导航速度解算。

文献[42]从多尺度系统理论出发,介绍了重力场的模型尺度特性、时间尺度特性以及空间尺度特性,并结合多尺度系统理论,分析了重力匹配定位、垂线偏差补偿中的多尺度特性问题。

文献[43]研究了影响重力匹配定位精度的要素,通过重力场特征分析给出了重力适配区的选择准则,并提出了基于模式识别理论的重力匹配定位方法。

ICCP 算法仅适合于惯导初始位置误差较小情况,当惯导初始位置误差较大时不能满足 ICCP 算法假设条件,文献[44]针对这一问题,提出"TERCOM 粗匹配"+"ICCP 精匹配"的组合匹配方式来实现重力匹配定位。

文献[45]从水下重力测量厄特弗斯改正项计算误差角度,分析了水下实时重力测量的可行性。为了减弱惯导误差对上述厄特弗斯改正项和正常重力值计算精度的影响,针对重力匹配定位,提出了以相邻重力异常测量值之差组成新的观测序列进行重力匹配的差分降相关极值算法和概率数据关联滤波算法。

文献[44]使用移去—恢复技术提高了重力水平扰动值的推估精度,对基于重力梯度仪的惯性导航重力补偿进行了仿真。

文献[46]分析了当只有部分张量可测量时,哪些张量测量组合能够获得最优的匹配结果,文中假设仅能够获得 3 个梯度分量,仿真结果表明,非对角线元素对于提高匹配精度的作用更大。

文献[47]分析了几种相关匹配算法、滤波匹配算法与惯性导航精度间的关系,指出:重力匹配与地形匹配在匹配方法上是相似的,但是在数据获取时,由于重力测量中厄特弗斯改正项计算精度受到惯性导航纬度误差、速度误差和航向误差的影响,因此实时重力匹配的难度要大于地形匹配。

1.2.2.2　重力基准图的制备与插值方法

文献[48]基于人工智能理论,提出使用小波神经网络以实现重力水平扰动补偿。小波神经网络将神经网络理论与小波分析结合,利用预制的重力水平扰动图对小波神经网络进行有监督训练,小波神经网络能够很好地逼近重力水平扰动变化趋势,而后再应用到惯性导航的实时解算中,仿真结果表明:通过小波神经网络预测能够得到较高精度的重力水平扰动数据。

文献[45]全面地研究了重力辅助惯性导航技术,提出了基于孔斯曲面的海洋重力异常图重构方法,建立了两种孔斯曲面重力异常模型,有效地提高了重力异常曲面拟合精度。

文献[44]针对部分海域的重力基准图难以预先精确制备,提出了基于 SLAM(Simultaneous Localisation and Mapping)的海洋重力辅助导航方法,在潜航器航行中同时实现重力基准图的制备与匹配导航。

1.2.2.3　重力辅助惯性导航仿真研究

重力辅助惯性导航仿真研究是在理论分析的基础上,针对某些具体的应用场景或使用某种重力场模型,对重力补偿与重力匹配定位进行仿真,以得到进行实际验证的关键性参数。

文献[49]以弹道导弹导航为背景,分析了重力异常对弹道导弹制导精度的影响,提出了一种通过卡尔曼滤波的状态转移矩阵消除垂线偏差影响的方法,并通过仿真验证了所述方法的有效性。

文献[50]利用 EGM2008 全球重力场球谐函数模型构建某地域的重力水平扰动图,并将其用于惯性导航误差定量仿真研究,分析了 EGM2008 全球重力场模型用于补偿垂线偏差的可行性。

文献[51]通过仿真比较了确定性模型补偿、基于数据的补偿和外部辅助三种重力补偿方式,基于仿真结果总结了三种补偿方式的最优应用场景,对重力辅助惯性导航系统研制具有参考意义。

文献[52]针对 EGM 系列模型,开展了重力扰动对远程战略武器弹道影响的仿真研究。重力模型计算截断误差、模型的阶数及弹道点的高度密切相关,通过仿真发现,当重力模型的阶数越低、弹道点的高度越低时截断误差更大,并基于大量的仿真试验给出了不同弹道点高度条件下的最优模型阶数。

文献[53]对基于重力梯度仪的重力补偿进行了仿真,仿真中使用重力梯度仪实时测量二阶扰动重力张量,积分后获得垂线偏差以补偿 INS。

1.2.2.4　重力辅助惯性导航技术试验研究进展

文献[54]使用了车载 INS 数据,对文中所提出的一种基于重力场球谐函数模型的实时重力补偿方法进行了验证。文章首先分析了重力场球谐函数模型计算的截断误差,重点分析了球谐函数计算的时间复杂度和空间复杂度,并根据分析结论与假设的导航计算机载荷能力得出了适用于实时补偿的重力场球谐函数最优计算阶次,认为对于导航精度要求在 $0.4 \sim 0.75 \mathrm{n\,mile/h}$ 的 INS,重力场球谐函数模型的最优计算阶次为 12 阶,最后通过车载惯性导航试验验证了算法的有效性。

文献[55]使用船载 INS 数据,对文中所提出的垂线偏差插值方法进行了验证。根据区域重力水平扰动数据的近似线性特性,将由重力场球谐函数模型计算的数据用二维二阶多项式进行拟合,仿真验证表明:与采用全阶重力场球谐函数模型相比,采用二维二阶多项式补偿重力水平扰动可以极大地减少导航计算机的数据存储量与计算量,而与采用正常重力模型相比,惯性导航的精度有较大程度的提高。

文献[56]和文献[57]提供了两种新的重力水平扰动插值计算方法。文献[56]提供了一种基于 MEC-BP-AdaBoost 神经网络的重力水平扰动数据计算方法。首先使用区域重力水平扰动数据对 MEC-BP-AdaBoost 神经网络进行训练,以建立重力水平扰动预测模型。在惯导解算中,将惯导位置输入 MEC-BP-

AdaBoost 神经网络以得到当前位置处的重力水平扰动估计数据,并将其代入惯性导航误差方程中以估计、补偿重力水平扰动造成的惯性导航位置误差。通过"远望"5 号搭载的 INS 数据验证了所述算法的有效性,惯性导航位置误差最大降低 28%。文献[57]使用基于超限学习理论提供了一种重力水平扰动数据计算方法,其思路与文献[56]相似。

文献[58]对比了 EGM96 模型和实测重力数据对惯性导航的补偿效果,结果表明:当载体运动越慢时,采用 EGM96 和实测重力数据对惯性导航的补偿效果越明显,同时也证明了采用全球重力场模型对惯性导航补偿的可行性。

文献[59]对水下重力匹配定位中的实测重力数据归算问题进行了研究,指出海洋潮汐和海面地形计算精度对水下重力归算精度有重要影响,重力基准图提供的重力数据是基于大地水准面,因此在匹配时需要将水下的实测重力数据归算到大地水准面上才能够实现匹配。

文献[60]研究了一种速率方位平台惯导/里程计/重力组合导航系统,并开发了一套半实物仿真系统,利用 4 台计算机分别模拟惯性传感器、里程计、重力仪和重力导航处理单元,取得了较好的仿真效果,定量地验证了重力图分辨率对组合定位精度的影响。

南京理工大学付梦印教授团队与国内多家单位合作,在"十二五"期间开展了惯性/重力自主导航技术研究,构建了惯性/重力自主导航试验验证平台,采用仿真和实船验证相结合的方式,对水下重力测量、重力匹配定位和惯性/重力信息融合校正等多项关键技术进行了研究和试验验证,并在海试试验中实现了通过获取水下重力匹配定位信息校正 INS 误差。

1.3　本书的研究目标、内容与组织结构

1.3.1　研究目标

针对水下长航时高精度惯性导航需求,开展惯性导航重力补偿方法研究,补偿垂线偏差对 INS 影响,以提高惯性导航长航时精度,并通过船载长航时惯性导航数据,对垂线偏差补偿等关键技术进行验证,为研究水下惯性导航重力实时补偿技术提供参考。

1.3.2　研究内容与组织结构

本书研究了惯性导航重力补偿方法,本书的组织结构如图 1.11 所示。

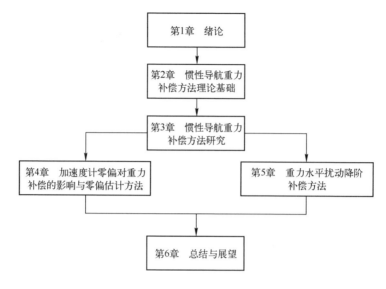

图 1.11 本书的组织结构

本书的主要内容分为六章,具体安排是:

第 1 章为绪论,阐明了本书的研究背景与意义,综述了国内外重力辅助惯性导航技术发展现状,根据国内重力辅助惯性导航技术发展现状,确定本书的研究目标,规划了本书的研究内容,最后说明了本书的组织结构。

第 2 章为惯性导航重力补偿方法研究基础。首先介绍了惯性导航基础理论,包括坐标系定义、惯性导航力学编排、惯性导航误差方程、初始对准与导航解算。重力场球谐函数模型在本书中的作用是为验证重力补偿算法提供重力水平扰动数据,详细地论述了使用重力场球谐函数模型计算重力水平扰动的方法。

第 3 章为惯性导航重力补偿方法。首先,从矢量计算法则、坐标系定义角度系统地研究了重力水平扰动对初始对准与导航解算的影响,明确了重力水平扰动引起惯性导航误差的根本原因,并在分析结论的基础上提出了两种重力水平扰动补偿方法,最后通过仿真和船载试验数据对两种重力补偿算法进行了验证。

第 4 章为加速度计零偏对重力补偿的影响与零偏估计方法。首先,从理论上分析了加速度计零偏与重力水平扰动间的耦合关系,而后建立了捷联式重力矢量测量噪声模型,并基于此模型提出了一种加速度计零偏估计方法。

第 5 章为重力水平扰动降阶补偿方法。对使用重力场球谐函数模型计算重力水平扰动的模型阶次问题开展研究。从理论上分析了重力补偿对重力水平扰动数据的需求,得到了对重力补偿效果影响较大的模型阶次,将此分析结论与本书所提出的重力水平扰动补偿方法结合,提出了重力水平扰动降阶补偿方法。

第 6 章为总结与展望,回顾本书的研究目标与各章节研究内容,梳理本书的创新点与不足,提出对后续研究工作的建议。

第2章 惯性导航重力补偿方法理论基础

本章将介绍惯性导航重力补偿研究的理论基础,包括惯性导航理论基础、垂线偏差的定义、重力水平扰动的定义以及重力场球谐函数模型相关理论,本章是后续章节理论研究的基础,并为后续章节的试验验证提供重力水平扰动数据。

2.1 惯性导航理论基础

2.1.1 坐标系定义

惯性坐标系定义[61]:惯性坐标系是一个正交坐标系,其原点位于参考椭球模型的球心,相对于恒星无转动,用符号 i 表示,其轴向定义为x_i、y_i、z_i,其中z_i的方向与地球自转轴的方向一致(图 2.1)。

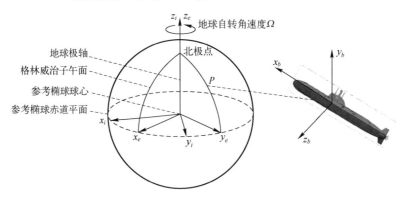

图 2.1 惯性坐标系、地球坐标系与载体坐标系示意图

地球坐标系定义[61]:地球坐标系是一个正交坐标系,其原点位于参考椭球模型的球心,与地球固联并跟随地球转动,用符号 e 表示,其轴向定义为x_e、y_e、z_e,其中z_e轴沿地球自转轴方向,x_e轴在赤道平面内且指向格林威治子午面和参考椭球赤道平面的交线,y_e由右手正交坐标系准则确定,地球坐标系相对惯性坐

标系绕z_e轴以角速率 Ω 转动，Ω 为地球自转角速率(图 2.1)。

载体坐标系定义[61]：载体坐标系是一个正交坐标系，用符号 b 表示，其轴向定义为x_b、y_b、z_b，其轴向分别沿安装有 INS 的载体的横滚轴、俯仰轴和偏航轴(图 2.1)。

当地地理坐标系[61]：当地地理坐标系是一个正交坐标系，用符号 n 表示，其坐原点位于 INS 所处的位置 P 点，其轴向定义为x_n、y_n、z_n，其中x_n轴指向北极点，y_n轴指向东，z_n轴沿椭球法线方向并指向下(图 2.2)。n 系相对 e 系的旋转角速度为$\boldsymbol{\omega}_{en}$，该角速度由载体的运动速度决定，称为转移角速度。

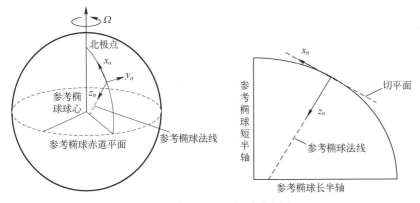

图 2.2　当地地理坐标系示意图

当地地理真垂线坐标系：当地地理真垂线坐标系是一个正交坐标系，用符号 n' 表示，其轴向定义为$x_{n'}$、$y_{n'}$、$z_{n'}$(图 2.3)。n' 系的定义与 n 系相似，其差别在于$z_{n'}$轴不是沿着椭球面的法线，而是沿着当地真垂线指向下，真垂线是真实重力矢量的方向，$x_{n'}$轴指向北极点，$y_{n'}$轴由右手正交坐标系准则确定。

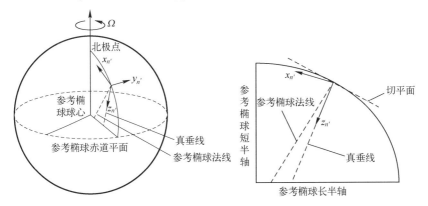

图 2.3　当地地理真垂线坐标系示意图

▶ 2.1.2 惯性导航理论

2.1.2.1 惯性导航概述

惯性导航的物理基础是牛顿力学[62]，由陀螺测量的角速度积分计算得到载体的姿态[63-68]，由加速度计测量的比力和重力求和后积分计算得到载体对地的速度，再由速度积分计算得到载体的位置。

惯性导航计算由两个连续的步骤组成，第一个步骤是初始对准[69-72]，初始对准是获得积分算法的初始值，包括初始姿态、初始速度和初始位置。第二个步骤是导航计算，导航计算是积分算法的执行过程，包括姿态计算、速度计算和位置计算。

实际上，第一个步骤中也包含了第二个步骤，在初始对准阶段，先进行导航计算，而后利用卡尔曼滤波器对导航计算结果中的误差进行估计，如此迭代循环，直到卡尔曼滤波器收敛，即得到了精确的惯导系统初始状态，惯性导航的基本原理如图 2.4 所示。

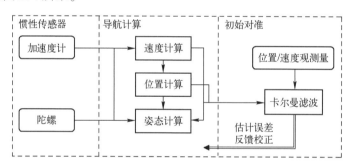

图 2.4 惯性导航基本原理

2.1.2.2 姿态参数化方法

惯性导航的姿态信息主要是用于描述载体坐标系与导航坐标系间的转换关系，通常选择当地地理坐标系作为导航坐标系。描述姿态的方式称为姿态参数化方法，姿态参数化方法主要包括欧拉角[73-76]、方向余弦矩阵[77,78]和四元数[79,80]，三者间可以相互转换，但使用场景有所差别，欧拉角主要用于表示载体姿态，方向余弦矩阵主要用于速度计算中的比力投影，四元数主要用于姿态计算。

用欧拉角表示姿态的思想是：一个坐标系到另一个坐标系的变换，可以通过绕不同坐标轴的三次连续转动来实现，每次转动的角即是欧拉角，欧拉角包括横滚角、俯仰角和航向角，并用 ϕ 表示横滚角，用 θ 表示俯仰角，并用 ψ 表示航向角。

方向余弦矩阵可以将矢量在某坐标系中的投影,转换为另一坐标系中的投影[77],方向余弦矩阵可由欧拉角计算,由载体坐标系转换到导航坐标系的方向余弦矩阵如下[81]:

$$\boldsymbol{C}_b^n = \begin{bmatrix} \cos\theta\cos\psi & -\cos\phi\sin\psi+\sin\phi\sin\theta\cos\psi & \sin\phi\sin\psi+\cos\phi\sin\theta\cos\psi \\ \cos\theta\sin\psi & \cos\phi\cos\psi+\sin\phi\sin\theta\sin\psi & -\sin\phi\cos\psi+\cos\phi\sin\theta\sin\psi \\ -\sin\theta & \sin\phi\cos\theta & \cos\phi\cos\theta \end{bmatrix}$$

$$(2.1)$$

同样地,可以由方向余弦矩阵得到欧拉角,求解方式如下:

$$\phi = \arctan\left(\frac{\boldsymbol{C}_b^n(3,2)}{\boldsymbol{C}_b^n(3,3)}\right) \tag{2.2}$$

$$\theta = \arcsin(-\boldsymbol{C}_b^n(3,1)) \tag{2.3}$$

$$\psi = \arctan\left(\frac{\boldsymbol{C}_b^n(2,1)}{\boldsymbol{C}_b^n(1,1)}\right) \tag{2.4}$$

用四元数表示姿态的基本思路是[82,83]:一个坐标系到另一个坐标系的变换,可以通过绕一个定义在参考坐标系中的矢量 $\boldsymbol{u}$ 的单次旋转来实现。

四元数是一个含有四个元素的矢量,用符号 $\boldsymbol{q}$ 表示,这些元素表征了矢量 $\boldsymbol{u}$ 的方向和转动角度的大小,如下式所示:

$$\boldsymbol{q} = \begin{bmatrix} q_0 \\ q_1 \\ q_2 \\ q_3 \end{bmatrix} = \begin{bmatrix} \cos(\|\boldsymbol{u}\|/2) \\ (u_x/\|\boldsymbol{u}\|)\sin(\|u\|/2) \\ (u_y/\|\boldsymbol{u}\|)\sin(\|u\|/2) \\ (u_z/\|\boldsymbol{u}\|)\sin(\|u\|/2) \end{bmatrix} \tag{2.5}$$

式中:符号 $\|\cdot\|$ 为矢量的模; u_x、u_y、u_z 为 $\boldsymbol{u}$ 在参考坐标系下的三个分量。

四元数可由欧拉角计算得到[84]

$$\boldsymbol{q} = \begin{bmatrix} \cos\left(\dfrac{\phi}{2}\right)\cos\left(\dfrac{\theta}{2}\right)\cos\left(\dfrac{\psi}{2}\right)+\sin\left(\dfrac{\phi}{2}\right)\sin\left(\dfrac{\theta}{2}\right)\sin\left(\dfrac{\psi}{2}\right) \\ \sin\left(\dfrac{\phi}{2}\right)\cos\left(\dfrac{\theta}{2}\right)\cos\left(\dfrac{\psi}{2}\right)-\cos\left(\dfrac{\phi}{2}\right)\sin\left(\dfrac{\theta}{2}\right)\sin\left(\dfrac{\psi}{2}\right) \\ \cos\left(\dfrac{\phi}{2}\right)\sin\left(\dfrac{\theta}{2}\right)\cos\left(\dfrac{\psi}{2}\right)+\sin\left(\dfrac{\phi}{2}\right)\cos\left(\dfrac{\theta}{2}\right)\sin\left(\dfrac{\psi}{2}\right) \\ \cos\left(\dfrac{\phi}{2}\right)\cos\left(\dfrac{\theta}{2}\right)\sin\left(\dfrac{\psi}{2}\right)+\sin\left(\dfrac{\phi}{2}\right)\sin\left(\dfrac{\theta}{2}\right)\cos\left(\dfrac{\psi}{2}\right) \end{bmatrix} \tag{2.6}$$

四元数还可由方向余弦矩阵计算得到[85]

$$q = \begin{bmatrix} q_0 \\ \dfrac{1}{4q_0}(\boldsymbol{C}_b^n(3,2)-\boldsymbol{C}_b^n(2,3)) \\ \dfrac{1}{4q_0}(\boldsymbol{C}_b^n(1,3)-\boldsymbol{C}_b^n(3,1)) \\ \dfrac{1}{4q_0}(\boldsymbol{C}_b^n(2,1)-\boldsymbol{C}_b^n(1,2)) \end{bmatrix} \tag{2.7}$$

$$q_0 = \frac{1}{2}\sqrt{1+\boldsymbol{C}_b^n(1,1)+\boldsymbol{C}_b^n(2,2)+\boldsymbol{C}_b^n(3,3)} \tag{2.8}$$

同时,四元数还可以转换为方向余弦矩阵

$$\boldsymbol{C}_b^n = \begin{bmatrix} q_0^2+q_1^2-q_2^2-q_3^2 & 2(q_1q_2-q_0q_3) & 2(q_1q_3+q_0q_2) \\ 2(q_1q_2+q_0q_3) & q_0^2-q_1^2+q_2^2-q_3^2 & 2(q_2q_3-q_0q_1) \\ 2(q_1q_3-q_0q_2) & 2(q_2q_3+q_0q_1) & q_0^2-q_1^2-q_2^2+q_3^2 \end{bmatrix} \tag{2.9}$$

2.1.2.3 姿态计算方法

姿态更新一般通过四元数实现,可采用等效旋转矢量法[86,87],将计算得到的等效旋转矢量 $\boldsymbol{\Phi}$ 转换为姿态变化四元数 $q(h)$,再通过四元数乘法实现姿态更新[88-91]。

$$q(t_{k+1}) = q(t_k)\otimes q(h) \tag{2.10}$$

$$q(h) = \begin{bmatrix} \cos\dfrac{\|\boldsymbol{\Phi}\|}{2} \\ \sin\dfrac{\|\boldsymbol{\Phi}\|}{2}\dfrac{\boldsymbol{\Phi}}{\|\boldsymbol{\Phi}\|} \end{bmatrix} \tag{2.11}$$

式中:$q(t_k)$ 为上一时刻四元数,即姿态更新前的四元数;$q(t_{k+1})$ 为当前时刻四元数,即姿态更新后的四元数;$q(h)$ 为本更新周期内载体系相对导航系的姿态变化四元数,姿态更新周期为 $h=(t_{k+1}-t_k)$。

等效旋转矢量的微分方程如下:

$$\dot{\boldsymbol{\Phi}} = \boldsymbol{\omega}_{nb}^b + \frac{1}{2}\boldsymbol{\Phi}\times\boldsymbol{\omega}_{nb}^b + \frac{1}{12}\boldsymbol{\Phi}\times(\boldsymbol{\Phi}\times\boldsymbol{\omega}_{nb}^b) \tag{2.12}$$

式中:$\boldsymbol{\omega}_{nb}^b$ 为载体相对于导航系的角速度,

$$\boldsymbol{\omega}_{nb}^b = \boldsymbol{\omega}_{ib}^b - (\boldsymbol{C}_b^n)^{\mathrm{T}}(\boldsymbol{\omega}_{ie}^n+\boldsymbol{\omega}_{en}^n) \tag{2.13}$$

其中,$\boldsymbol{\omega}_{ie}^n$ 为地球自转角速度在当地地理坐标系的投影。

$$\boldsymbol{\omega}_{ie}^n = \begin{bmatrix} \Omega\cos L & 0 & -\Omega\sin L \end{bmatrix}^{\mathrm{T}} \tag{2.14}$$

式中:Ω 为地球自转角速率;L 为载体所在位置纬度[81];$\boldsymbol{\omega}_{en}^n$ 为导航坐标系相对

于地球坐标系的转动角速度[81]，

$$\boldsymbol{\omega}_{en}^{n} = \begin{bmatrix} \dfrac{v_{\mathrm{E}}}{R} & -\dfrac{v_{\mathrm{N}}}{R} & -\dfrac{v_{\mathrm{E}}\tan L}{R} \end{bmatrix}^{\mathrm{T}} \qquad (2.15)$$

其中，v_{N} 为载体坐标系相对于地球坐标系的速度在北向的投影，v_{E} 为载体坐标系相对于地球坐标系的速度在东向的投影，R 为参考椭球模型的平均半径。

2.1.2.4 速度和位置计算方法

通常选择当地地理坐标系作为导航坐标系，惯性导航速度方程为

$$\dot{\boldsymbol{v}}_{e}^{n} = \boldsymbol{C}_{b}^{n}\boldsymbol{f}^{b} - (2\boldsymbol{\omega}_{ie}^{n} + \boldsymbol{\omega}_{en}^{n}) \times \boldsymbol{v}_{e}^{n} + \boldsymbol{g}^{n} \qquad (2.16)$$

式中：$\boldsymbol{v}_{e}^{n}$ 为载体相对于地球的速度在导航系的投影；$\boldsymbol{f}^{b}$ 为加速度计测量的比力在载体坐标系的投影；$\boldsymbol{g}^{n}$ 为重力矢量在导航坐标系的投影。

$\boldsymbol{g}^{n}$ 是分析和补偿垂线偏差对 INS 影响的关键，在不考虑垂线偏差补偿的惯性导航中，$\boldsymbol{g}^{n}$ 由正常重力矢量 $\boldsymbol{\gamma}^{n}$ 代替[81]：

$$\boldsymbol{g}^{n} = \boldsymbol{\gamma}^{n} = \begin{bmatrix} 0 & 0 & \gamma \end{bmatrix}^{\mathrm{T}} \qquad (2.17)$$

式中：γ 为正常重力值[81]，

$$\gamma(0) = 9.780318(1 + 5.3024 \times 10^{-3}\sin^{2}L - 5.9 \times 10^{-6}\sin^{2}2L)\,\mathrm{m/s^{2}} \quad (2.18)$$

$$\gamma(h) = \gamma(0)/(1 + h/R)^{2} \qquad (2.19)$$

通常用纬度 L、经度 λ 和高度 h 表示载体的位置[81]，

$$\dot{L} = \frac{v_{\mathrm{N}}}{R} \qquad (2.20)$$

$$\dot{\lambda} = \frac{v_{\mathrm{E}}}{R \cdot \cos L} \qquad (2.21)$$

$$\dot{h} = -v_{\mathrm{D}} \qquad (2.22)$$

2.1.3 惯性导航误差模型

惯性导航误差模型是惯性导航初始对准及分析重力水平扰动对惯性导航影响的基础。惯性导航误差模型包括姿态误差模型、速度误差模型和位置误差模型。

2.1.3.1 姿态误差模型

用 $\widetilde{\boldsymbol{C}}_{b}^{n}$ 表示惯性导航计算得到的含有误差的方向余弦矩阵，$\boldsymbol{C}_{b}^{n}$ 表示理想的、无误差的方向余弦矩阵，两者关系定义如下[61]：

$$\widetilde{\boldsymbol{C}}_{b}^{n} = (\boldsymbol{I}_{3\times3} - [\boldsymbol{\Psi}\times])\boldsymbol{C}_{b}^{n} \qquad (2.23)$$

式中：$\boldsymbol{\Psi}$ 为姿态误差矢量；$[\boldsymbol{\Psi}\times]$ 为姿态误差矢量构成的反斜对称矩阵[61]，

$$\boldsymbol{\Psi} = \begin{bmatrix} \delta\phi & \delta\theta & \delta\psi \end{bmatrix}^{\mathrm{T}} \qquad (2.24)$$

$$[\boldsymbol{\Psi} \times] = \begin{bmatrix} 0 & -\delta\psi & \delta\theta \\ \delta\psi & 0 & -\delta\phi \\ -\delta\theta & \delta\phi & 0 \end{bmatrix} \tag{2.25}$$

姿态误差矢量的微分方程为[81]

$$\dot{\boldsymbol{\Psi}} = -(\boldsymbol{\omega}_{ie}^n + \boldsymbol{\omega}_{en}^n) \times \boldsymbol{\Psi} + (\delta\boldsymbol{\omega}_{ie}^n + \delta\boldsymbol{\omega}_{en}^n) - \boldsymbol{C}_b^n \delta\boldsymbol{\omega}_{ib}^b \tag{2.26}$$

式中：$\delta\boldsymbol{\omega}_{ie}^n$ 为由位置误差引起的地球自转角速度计算误差；$\delta\boldsymbol{\omega}_{en}^n$ 为由速度误差、位置误差引起的转移角速度计算误差；$\delta\boldsymbol{\omega}_{ib}^b$ 为陀螺测量噪声。

2.1.3.2 速度误差模型和位置误差模型

惯性导航的速度误差方程为[81]

$$\delta\dot{\boldsymbol{v}}_e^n = [\boldsymbol{f}^n \times] \boldsymbol{\Psi} + \boldsymbol{C}_b^n \delta\boldsymbol{f}^b - (2\boldsymbol{\omega}_{ie}^n + \boldsymbol{\omega}_{en}^n) \times \delta\boldsymbol{v}_e^n - (2\delta\boldsymbol{\omega}_{ie}^n + \delta\boldsymbol{\omega}_{en}^n) \times \boldsymbol{v}_e^n - \delta\boldsymbol{g}^n \tag{2.27}$$

式中：$\delta\boldsymbol{v}_e^n$ 为 INS 速度误差；$[\boldsymbol{f}^n \times]$ 为加速度计测量的比力在导航系下投影所构成的反斜对称矩阵；$\delta\boldsymbol{g}^n$ 为重力误差。

惯性导航的位置误差方程为[81]

$$\delta\dot{L} = \frac{\delta v_N}{R} \tag{2.28}$$

$$\delta\dot{\lambda} = \frac{\delta v_E}{R \cdot \cos L} \tag{2.29}$$

$$\delta\dot{h} = \delta v_D \tag{2.30}$$

2.1.4 惯性导航初始对准

2.1.4.1 惯性导航初始对准概述

初始对准的目的是获得 INS 精确的初始状态[92-100]，包括初始姿态、初始速度和初始位置。精确地估计初始姿态是初始对准中最为重要也是最为困难之处，原因在于：

（1）初始速度和初始位置的确定是相对容易的，可以通过其他导航手段，如卫星导航系统，为 INS 提供一个精度足够高的初始位置和初始速度。另外，实际应用中 INS 一般是在静止状态下完成初始对准，因此可以近似地将零速作为 INS 的初始速度，相比之下，高精度地估计姿态是困难的。

（2）由于 INS 的积分运算特性，初始误差会在后续的导航结果中不断累积，初始姿态误差引起的导航误差积累尤其显著，因此初始姿态估计是初始对准中的重点。

初始对准从执行过程上分为粗对准和精对准[101]，粗对准是粗略地估计载体姿态，精对准是在粗对准的基础上使用卡尔曼滤波器进一步估计粗对准结果中的残余误差,以得到更加精确的初始姿态[102]。

2.1.4.2 解析粗对准方法

初始对准一般是在载体静止的状态下进行,当载体静止时,陀螺测量的角速度是地球自转角速度,加速度计测量的比力与重力等大、反向,有如下关系式成立:

$$C_b^n \boldsymbol{\omega}_{ib}^b = \boldsymbol{\omega}_{ie}^n \tag{2.31}$$

$$C_b^n \boldsymbol{f}^b = -\boldsymbol{g}^n \tag{2.32}$$

$$C_b^n (\boldsymbol{f}^b \times \boldsymbol{\omega}_{ib}^b) = -\boldsymbol{g}^n \times \boldsymbol{\omega}_{ie}^n \tag{2.33}$$

得到解析粗对准公式

$$C_b^n = [\, -\boldsymbol{g}^n \quad \boldsymbol{\omega}_{ie}^n \quad -\boldsymbol{g}^n \times \boldsymbol{\omega}_{ie}^n \,] \cdot [\, \boldsymbol{f}^b \quad \boldsymbol{\omega}_{ib}^b \quad \boldsymbol{f}^b \times \boldsymbol{\omega}_{ib}^b \,]^{-1} \tag{2.34}$$

2.1.4.3 基于卡尔曼滤波器的精对准方法

由惯性导航的误差模型建立卡尔曼滤波器,进一步估计粗对准结果中的残差,卡尔曼滤波器的状态矢量为

$$\delta \boldsymbol{x} = [\, \delta\phi \quad \delta\theta \quad \delta\psi \quad \delta v_N \quad \delta v_E \,] \tag{2.35}$$

卡尔曼滤波器的状态方程为

$$\delta \dot{\boldsymbol{x}} = \boldsymbol{F}\delta\boldsymbol{x} + \boldsymbol{G}\boldsymbol{w} \tag{2.36}$$

式中:$\boldsymbol{F}$ 为卡尔曼滤波器的状态方程;$\boldsymbol{w}$ 为滤波器的模型噪声;$\boldsymbol{G}$ 为模型噪声的输入矩阵,卡尔曼滤波器的状态方程、噪声输入矩阵形式如下:

$$F = \begin{bmatrix} 0 & -\Omega\sin L & 0 & 0 & \dfrac{1}{R} \\ \Omega\sin L & 0 & \Omega\cos L & \dfrac{-1}{R} & 0 \\ 0 & -\Omega\cos L & 0 & 0 & -\dfrac{\tan L}{R} \\ 0 & \gamma & 0 & 0 & -2\Omega\sin L \\ -\gamma & 0 & 0 & 2\Omega\sin L & 0 \end{bmatrix} \tag{2.37}$$

$$G = \begin{bmatrix} -c_{11} & -c_{12} & -c_{13} & 0 & 0 \\ -c_{21} & -c_{22} & -c_{23} & 0 & 0 \\ -c_{31} & -c_{32} & -c_{33} & 0 & 0 \\ 0 & 0 & 0 & c_{11} & c_{12} \\ 0 & 0 & 0 & c_{21} & c_{22} \end{bmatrix} \tag{2.38}$$

其中,c_{ij} 为 C_b^n 第 i 行、第 j 列的元素,模型噪声矢量 $\boldsymbol{w}$ 的形式为

$$\boldsymbol{w} = [\, \delta\omega_{ib,x}^b \quad \delta\omega_{ib,y}^b \quad \delta\omega_{ib,z}^b \quad \delta f_x^b \quad \delta f_y^b \,]^{\mathrm{T}} \tag{2.39}$$

其中,$\delta\boldsymbol{\omega}^b_{ib,x}$,$\delta\boldsymbol{\omega}^b_{ib,y}$ 和 $\delta\boldsymbol{\omega}^b_{ib,z}$ 分别为载体坐标系下三个轴向陀螺的测量噪声,$\delta\boldsymbol{f}^b_x$ 和 $\delta\boldsymbol{f}^b_y$ 分别为载体坐标系下两个水平轴向加速度计的测量噪声[103]。

在静态对准条件下,INS 的真实水平速度是零,因此 INS 解算出的非零速度即是速度误差,选择两个水平方向的速度误差作为卡尔曼滤波器的观测量,得到如下的观测方程[81]:

$$z = Hx + v \tag{2.40}$$

$$z = \begin{bmatrix} \delta v_N & \delta v_E \end{bmatrix}^T \tag{2.41}$$

$$H = \begin{bmatrix} 0 & 0 & 0 & 1 & 0 \\ 0 & 0 & 0 & 0 & 1 \end{bmatrix} \tag{2.42}$$

2.2　重力场球谐函数模型

2.2.1　重力位场理论与球谐函数模型

2.2.1.1　重力势理论

引力和离心力的合力称为重力,重力的大小取决于地球内部物质和外部物质的分布和地球自转。重力场影响着地球周围物体的运动,因此我们需要了解重力。高斯将重力看作一种位场,并用一个标量函数来描述,即重力势函数 V,根据牛顿万有引力定律得到的地球重力势函数简单而优美。

$$V = G \iiint_v \frac{\mathrm{d}m}{l} = G \iiint_v \frac{\rho}{l} \mathrm{d}v \tag{2.43}$$

但这样优美的公式,并不能够直接用于计算地球重力场,该积分公式的计算需要:①准确地获知地球真实形状在某坐标系下的表示;②需要知道地球内部及表面每个点的密度值。

对于第一个要求,在现代大地测量技术的发展之下,不断精化的大地水准面已经越来越接近地球的真实形状,因此是有望达到这一要求的。然而,第二个要求需要测量地球内部每一点的精确密度,在目前的技术条件下是难以实现的,因此积分求解重力势函数的方式实际是走不通的。

为此,大地测量学家们采用另一种方式来描述地球重力场,即泊松方程与拉普拉斯方程,定义拉普拉斯算子为

$$\Delta = \frac{\partial^2}{\partial x^2} + \frac{\partial^2}{\partial y^2} + \frac{\partial^2}{\partial z^2} \tag{2.44}$$

将拉普拉斯算子作用于重力势函数,得到泊松方程,其中 ρ 为场源体的内

部密度

$$\Delta V = \frac{\partial^2 V}{\partial x^2} + \frac{\partial^2 V}{\partial y^2} + \frac{\partial^2 V}{\partial z^2} = -4\pi G\rho \tag{2.45}$$

泊松方程仍因地球内部密度未知而无法求解,为此做了这样的一个近似假设:大地水准面以外再无物质,在这个假设下,大地水准面以外的重力势函数就满足拉普拉斯方程

$$\Delta V = \frac{\partial^2 V}{\partial x^2} + \frac{\partial^2 V}{\partial y^2} + \frac{\partial^2 V}{\partial z^2} = 0 \tag{2.46}$$

拉普拉斯方程的定解条件就是大地水准面上的重力势或重力矢量或重力势与重力矢量的线性组合,即拉普拉斯方程的边界值条件,只要有了这个边界条件就能够求解重力势函数,这就是重力场模型的基础理论。

为了以一种数学上更易处理的方式描述地球形状,人们用参考椭球近似大地水准面,参考椭球与大地水准面之间的差异称为水准面异常。大地水准面上的重力势由正常重力势(由参考椭球计算)和异常重力势(与水准面异常相关)组成。

异常重力势与重力异常相关,因此通过地面、航空、船载和空间方式测量大地水准面上的重力异常,进而计算大地水准面上的扰动重力势以作为拉普拉斯方程的边界条件,就可以求解地球外部空间的重力势函数,得到地球重力场模型。

2.2.1.2　重力场球谐函数模型

求解拉普拉斯方程需要在某一坐标系下完成,采用球坐标系求解拉普拉斯方程更为合适,拉普拉斯方程在球坐标系下的解即是球谐函数,即地球重力势函数是用球谐函数描述,这就是地球重力场模型的数学基础。

用球谐函数表示的重力势函数 $W(r,\vartheta,\lambda)$ 如下所式:

$$W(r,\vartheta,\lambda) = \frac{GM}{r} \sum_{n=2}^{\infty} \sum_{m=0}^{n} \left(\frac{a}{r}\right)^n (C_{nm}\cos m\lambda + S_{nm}\sin m\lambda) P_{nm}(\cos\vartheta) \tag{2.47}$$

式中:G 为万有引力常数;M 为地球质量;ϑ 为球心余纬度,又称为极距(Polar Distance);λ 为经度;a 为参考椭球的长半轴;r 为计算点到参考椭球球心的矢径长度;n 为球谐模型的阶;m 为球谐模型的次;C_{nm} 和 S_{nm} 为球谐模型的系数;$P_{nm}(\cos\vartheta)$ 为 n 阶、m 次勒让德函数。

重力场球谐模型就是在一定的边界条件下得到的重力势函数的一个解,边界条件可以是大地水准面异常、重力异常或它们的线性组合,通过这组边界条件,就能够得到一组球谐模型系数,即得到了一个重力场球谐函数模型。

2.2.1.3 EGM2008 全球重力场球谐函数模型

21 世纪以来,随着卫星测高、航空重力测量等重力测量技术的不断成熟和发展,地球重力场球谐函数模型的分辨率与精度不断提高,具有代表性的是美国国家地理空间情报局(National Geospatial-Intelligence Agency, NGA)发布的 EGM2008 超高阶全球重力场球谐模型[104,105]。

EGM2008 是基于全球精确、详尽的重力数据构建的超高阶地球重力场模型,具有广泛的应用价值。EGM2008 是由 ITG-GRACE03S 模型、全球 5′×5′ 重力异常格网数据(包括陆地重力测量、海洋卫星测高和航空重力测量)融合得到。EGM2008 完成到 2159 阶次,另外扩展到 2190 阶 2159 次的系数,模型的空间分辨率约为 9km。

EGM2008 模型大地水准面与独立的 GPS/水准数据之间差异为 5~10cm, EGM2008 确定的垂线偏差与天文方法测量的垂线偏差的差异在 1.1″~1.3″,表明 EGM2008 在全球范围内与同时期的局部重力模型精度相当。鉴于 EGM2008 模型使用范围广、精度高,本书将使用 EGM2008 模型计算重力水平扰动数据为后续章节的试验验证提供数据支撑。

2.2.2 重力场球谐函数模型的重力扰动计算

2.2.2.1 重力异常与重力扰动定义

由于地球质量分布不均匀,正常重力模型计算得到的正常重力矢量与载体所在位置的真实重力矢量存在差异。地球附近某区域的真实重力势 W 为正常重力势 U 与扰动重力势 T 的和

$$W(x,y,z) = U(x,y,z) + T(x,y,z) \tag{2.48}$$

假设该区域的大地水准面与参考椭球面的几何关系如图 2.5 所示,大地水准面上的重力势为真实重力势 $W(x,y,z) = W_0$,椭球面上的正常重力势用于近似真实的重力势,即 $U(x,y,x) = W_0$。

P 点是大地水准面上一点,Q 点是 P 点沿着参考椭球法线 n 在参考椭球上的投影,P 点与 Q 点间的距离 PQ 称为大地水准面异常并用 N 表示。Q 点处的正常重力矢量为 $\boldsymbol{\gamma}_Q$,P 点处的真实重力矢量为 $\boldsymbol{g}_P$,定义重力异常矢量(Gravity Anomaly Vector)$\Delta\boldsymbol{g}$ 为 P 点与 Q 点处重力矢量之差:

$$\Delta\boldsymbol{g} = \boldsymbol{g}_P - \boldsymbol{\gamma}_Q \tag{2.49}$$

$\Delta\boldsymbol{g}$ 的大小称为重力异常(Gravity Anomaly),$\Delta\boldsymbol{g}$ 的方向称为垂线偏差(Deflection of Vertical, DOV)。若是比较点 P 点处的正常重力矢量 $\boldsymbol{\gamma}$ 与真实重力矢量 $\boldsymbol{g}$ 的差异,两者的差异称为重力扰动矢量 $\delta\boldsymbol{g}$(Gravity Disturbance Vector)

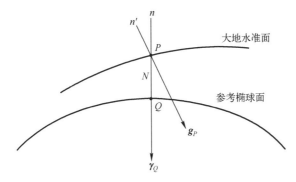

图 2.5　大地水准面与参考椭球面的几何关系

$$\delta\boldsymbol{g} = \boldsymbol{g}_P - \boldsymbol{\gamma}_P \tag{2.50}$$

P 点处重力扰动矢量的大小称为重力扰动(Gravity Disturbance),其方向仍然称为垂线偏差。需要注意的是,重力扰动与重力异常从概念上来说是不同的,因为在重力辅助惯性导航中,需要关注的是惯导所在位置处真实重力矢量与正常重力矢量的差异,即是同一个点的重力矢量与正常重力矢量差异,因此在重力补偿需要的是重力扰动矢量,而不是重力异常矢量。

重力扰动矢量 $\delta\boldsymbol{g}$ 与扰动重力势 T 的关系如下:

$$\delta g = g_P - \gamma_P = -\left(\frac{\partial W}{\partial n} - \frac{\partial U}{\partial n'}\right) \approx -\left(\frac{\partial W}{\partial n} - \frac{\partial U}{\partial n}\right) = -\frac{\partial T}{\partial n} \tag{2.51}$$

由于 n 的方向与矢径 r 的方向一致,矢径是由计算点指向椭球球心的矢量,因此可得到

$$\delta g = -\frac{\partial T}{\partial r} \tag{2.52}$$

2.2.2.2　重力异常与重力扰动的球谐函数模型

扰动重力势是调和函数,可以将其表示为球谐函数和的形式:

$$T(r,\vartheta,\lambda) = \frac{GM}{r}\sum_{n=2}^{\infty}\sum_{m=0}^{n}\left(\frac{a}{r}\right)^n\left(\overline{C}_{nm}^*\cos m\lambda + \overline{S}_{nm}\sin m\lambda\right)\overline{P}_{nm}(\cos\vartheta) \tag{2.53}$$

式中:$\overline{P}_{nm}(\cos\vartheta)$ 为 n 阶、m 次完全正则化勒让德函数;$\overline{C}_{nm}^*$ 和 $\overline{S}_{nm}$ 为 n 阶、m 次扰动重力势球谐模型系数,令

$$\Phi_{nm} = \left(\overline{C}_{nm}^*\cos m\lambda + \overline{S}_{nm}\sin m\lambda\right)\overline{P}_{nm}(\cos\vartheta) \tag{2.54}$$

式(2.53)变为

$$T(r,\vartheta,\lambda) = \frac{GM}{r}\sum_{n=2}^{\infty}\sum_{m=0}^{n}\left(\frac{a}{r}\right)^n\Phi_{nm} \tag{2.55}$$

将式(2.55)代入式(2.52)后得到

$$\delta g = -\frac{\partial T}{\partial r} = -\frac{\partial}{\partial r}\left(\frac{GM}{r}\right)\sum_{n=2}^{\infty}\sum_{m=0}^{n}\left(\frac{a}{r}\right)^{n}\Phi_{nm} - \left(\frac{GM}{r}\right)\frac{\partial}{\partial r}\left[\sum_{n=2}^{\infty}\sum_{m=0}^{n}\left(\frac{a}{r}\right)^{n}\Phi_{nm}\right]$$

(2.56)

式(2.56)中的第一项为

$$-\frac{\partial}{\partial r}\left(\frac{GM}{r}\right)\sum_{n=2}^{\infty}\sum_{m=0}^{n}\left(\frac{a}{r}\right)^{n}\Phi_{nm} = \frac{GM}{r^{2}}\sum_{n=2}^{\infty}\sum_{m=0}^{n}\left(\frac{a}{r}\right)^{n}\Phi_{nm} \quad (2.57)$$

式(2.56)中的第二项为

$$-\left(\frac{GM}{r}\right)\frac{\partial}{\partial r}\left[\sum_{n=2}^{\infty}\sum_{m=0}^{n}\left(\frac{a}{r}\right)^{n}\Phi_{nm}\right] = \left(\frac{GM}{r^{2}}\right)\left[\sum_{n=2}^{\infty}\sum_{m=0}^{n}n\left(\frac{a}{r}\right)^{n}\Phi_{nm}\right] \quad (2.58)$$

将式(2.57)和式(2.58)相加并代入式(2.54)得到

$$\delta g = \frac{GM}{r^{2}}\sum_{n=2}^{\infty}\sum_{m=0}^{n}(n+1)\left(\frac{a}{r}\right)^{n}\left(\overline{C}_{nm}^{*}\cos m\lambda + \overline{S}_{nm}\sin m\lambda\right)\overline{P}_{nm}(\cos\vartheta)$$

(2.59)

而大地测量学科中使用球谐模型计算的一般是重力异常 Δg，而不是重力扰动 δg，接下来推导 Δg 的计算公式，以比较重力异常与重力扰动计算公式的异同。重力异常 Δg 与重力扰动 δg 的关系为

$$\Delta g = \delta g - \frac{2}{r}T \quad (2.60)$$

将式(2.59)和式(2.53)代入式(2.60)可以得到

$$\Delta g = \frac{GM}{r^{2}}\sum_{n=2}^{\infty}\sum_{m=0}^{n}(n-1)\left(\frac{a}{r}\right)^{n}\left(\overline{C}_{nm}^{*}\cos m\lambda + \overline{S}_{nm}\sin m\lambda\right)\overline{P}_{nm}(\cos\vartheta) \quad (2.61)$$

对比式(2.61)与式(2.59)，如表2.1所列，从对比结果可以看到，重力扰动和重力异常在计算时的主要差异在于非勒让德函数项。

表 2.1 重力异常与重力扰动计算对比

符 号	含 义	非勒让德函数项	勒让德函数项
δg	重力扰动	$(n+1)(a/r)^{n}$	$(\overline{C}_{nm}^{*}\cos m\lambda + \overline{S}_{nm}\sin m\lambda)\overline{P}_{nm}(\cos\vartheta)$
Δg	重力异常	$(n-1)(a/r)^{n}$	$(\overline{C}_{nm}^{*}\cos m\lambda + \overline{S}_{nm}\sin m\lambda)\overline{P}_{nm}(\cos\vartheta)$

2.2.2.3 基于球谐函数模型的重力扰动计算方法

重力扰动计算包括球谐系数 $\overline{C}_{nm}^{*}$ 和 $\overline{S}_{nm}$ 计算、非勒让德函数项的计算和勒让德函数项计算。

1）球谐模型系数的处理

球谐模型的系数是重力场模型的实质，不同的重力场模型计算重力扰动的

公式是基本一致的,主要差别在于球谐模型系数。

使用球谐系数前需要进行处理,处理的内容包括:由重力场模型提供的重力势系数扣除正常重力势后,得到扰动重力势系数。根据选定的参考椭球模型,对扰动重力势系数进行调整。

处理球谐模型系数时,首先需要定义参考椭球,因为计算重力扰动需要的是扰动重力势系数,扰动重力势系数由模型系数扣除正常重力势系数得到,正常重力势系数是由参考椭球相关参数计算得到,在不同的应用中需要不同的参考椭球,因此也就有不同的正常重力势系数,所以需要先定义参考椭球。

另外,重力场模型的系数也是基于某一参考椭球计算得到的,当应用时的参考椭球和计算重力场模型系数时用的参考椭球不一致时,需要根据两个椭球模型的参数差异对重力场模型系数进行调整。

通过四个基本参数来定义一个参考椭球模型,这四个基本参数是:椭球的长半轴长度 a,椭球的扁率 f 或二阶带状球谐系数 J_2,地心引力常数 GM(万有引力常数与地球质量的乘积),地球自转角速率 Ω。需要注意的是,椭球的扁率 f 和二阶带状球谐系数 J_2 是相关的,只需定义其中一个参数,另一个参数就可以通过计算得到。

NGA 计算 EGM2008 球谐函数模型的系数时,采用的是 WGS-84 参考椭球模型,该参考椭球模型的参数如表 2.2 所列。

表 2.2 WGS-84 参考椭球参数

参 数 符 号	参 数 含 义	参 数 数 值
a	参考椭球长半轴	6378136.3
f	参考椭球扁率	1/298.256415099
J_2	二阶带状球谐系数	$-4.841696502761587 \times 10^{-4}$
GM	地心引力常数	$0.3986004415 \times 10^{20}$
Ω	地球自转角速率	7292115×10^{-11}

2) 非勒让德函数项计算

非勒让德函数项是指式(2.59)中,不包含球谐模型系数 $\bar{C}_{nm}^*$、$\bar{S}_{nm}$ 以及完全正则化勒让德函数 $\bar{P}_{nm}(\cos\vartheta)$ 的项。对重力扰动计算来说,即是指球谐函数计算公式中的 $(GM/r^2)(n+1)(a/r)^n$,其中 n 为完全正则化勒让德函数的阶,具体计算方法为

第一步:初始化数组 $k(n_{max}+1)$,n_{max} 为球谐模型计算的最高阶次;

第二步:初始化数组 $N(n_{max})$;

第三步：取 $k_1 = (GM/r^2)$，$k_2 = (a/r)$，令 $k(1) = k_1$，递推计算 $k(n) = k_2 \times k(n-1) 2 \leq n \leq n_{max} + 1$。

3）勒让德函数项计算

勒让德函数 $P_{nm}(\cos\vartheta)$ 是球坐标系下的一组正交基，因为扰动重力势函数是调和函数，因此扰动重力势函数可以用勒让德函数的级数和表示，这个表达式就称为球谐函数，这一过程可以类比为球坐标系下，在球面上的二维傅里叶变换。

为了数学表示和数值计算方便，在实践中勒让德函数通过乘上一个随阶 n 和次 m 而变化的因子加以正则化。

正则化因子有多种，其中有一种正则化因子将勒让德函数 $P_{nm}(\cos\vartheta)$ 变为完全正则化勒让德函数 $\overline{P}_{nm}(\cos\vartheta)$，EGM2008 模型采用的正是这种完全正则化勒让德函数来表示重力势。

将 $m=0$ 的项 $\overline{P}_{n0}(\cos\vartheta)$ 称为完全正则化勒让德多项式，将 $\overline{P}_{nm}(\cos\vartheta)$ 中 $m \neq 0$ 的项称为完全正则化缔合勒让德函数。完全正则化勒让德函数 $\overline{P}_{nm}(\cos\vartheta)$ 与勒让德函数 $P_{nm}(\cos\vartheta)$ 的变换关系为

$$\overline{P}_{nm}(\cos\vartheta) = \sqrt{\frac{(n-m)!(2n+1)\delta_m}{(n+m)!}} P_{nm}(\cos\vartheta) \delta_m = \begin{cases} 1, m=0 \\ 2, m>0 \end{cases} \quad (2.62)$$

完全正则化勒让德函数通过递推方式进行计算，根据阶 n 与次 m 的取值关系，递推时分为 3 种情况，具体递推公式如下：

当 $m=n, n \geq 2$ 时

$$\overline{P}_{nn}(\cos\vartheta) = \sqrt{\frac{2n+1}{2n}} \sin\vartheta \overline{P}_{n-1,n-1}(\cos\vartheta) \quad (2.63)$$

当 $m=n-1, n \geq 1$ 时

$$\overline{P}_{n,n-1}(\cos\vartheta) = \sqrt{2n+1} \cos\vartheta \overline{P}_{n-1,n-1}(\cos\vartheta) \quad (2.64)$$

当 $0 \leq m \leq n-2, n \geq 2$ 时

$$\overline{P}_{nm}(\cos\vartheta) = \alpha_{nm} \cos\vartheta \overline{P}_{n-1,m}(\cos\vartheta) - \beta_{nm} \overline{P}_{n-2,m}(\cos\vartheta) \quad (2.65)$$

$$c_{nm} = \sqrt{\frac{(2n+1)}{(n-m)(n+m)}} \quad (2.66)$$

$$\alpha_{nm} = \sqrt{(2n-1)} \, c_{nm} \quad (2.67)$$

$$\beta_{nm} = \sqrt{\frac{(n+m-1)(n-m-1)}{(2n-3)}} c_{nm} \quad (2.68)$$

完全正则化勒让德函数的递推初值为

$$\overline{P}_{0,0}(\cos\vartheta) = 1 \quad (2.69)$$

$$\overline{P}_{1,1}(\cos\vartheta)=\sqrt{3}\sin\vartheta \tag{2.70}$$

在使用上述公式递推计算完全正则化勒让德函数时，有两点需要注意：第一点是地心余纬度 ϑ 的计算；第二点是递推求解策略。

地心余纬度 ϑ 的计算方法如式（2.71），其中$L_{\text{geocentric}}$为地心纬度，然而 GPS、INS 一般输出地理纬度，因此在计算时需要先将地理纬度转换为地心纬度后，再计算地心余纬度 ϑ。

$$\vartheta=\frac{\pi}{2}-L_{\text{geocentric}} \tag{2.71}$$

递推计算时，首先进行等阶次完全正则化勒让德函数的递推计算，而后再进行非等阶次完全正则化缔合勒让德函数的递推计算。完全正则化勒让德多项式递推计算方法如下：

第一步，初始化数组 $c(n_{\max}+1)$，$n_{\max}$为球谐模型计算的最高阶次，令

$$c(2)=\sqrt{3} \tag{2.72}$$

$$c(n)=\sqrt{[2(n-1)+1]/[2(n-1)]}\quad 3\leqslant n\leqslant n_{\max}+1 \tag{2.73}$$

第二步，初始化勒让德多项式数组$\overline{P}_n(n_{\max}+1)$，根据式（2.69）令$\overline{P}_n(1)=1$；根据式（2.63）、式（2.70），计算

$$\overline{P}_n(n)=c(n)\times\overline{P}_n(n-1)\times\sin(\vartheta)\quad 2\leqslant n\leqslant n_{\max}+1 \tag{2.74}$$

完成计算后，数组$\overline{P}_n(n)$中存储的等阶次完全正则化勒让德多项式如图 2.6 所示。

$\overline{P}_{0,0}$	$\overline{P}_{1,1}$	$\overline{P}_{2,2}$	…	$\overline{P}_{n,n}$

图 2.6　等阶次完全正则化勒让德多项式计算结果示意图

完全正则化缔合勒让德函数的计算比完全正则化勒让德多项式的计算要复杂，递推计算的策略是：采用两层循环进行递推计算，内层循环按阶 n 变化，外层循环按次 m 变化，各次计算结果如图 2.7 所示。非等阶次完全正则化缔合勒让德函数递推计算步骤如表 2.3 所列。

第一次循环计算结果	$\overline{P}_{0,0}$	$\overline{P}_{1,0}$	$\overline{P}_{2,0}$	…	$\overline{P}_{n,0}$
第二次循环计算结果	$\overline{P}_{1,1}$	$\overline{P}_{2,1}$	$\overline{P}_{3,1}$	…	$\overline{P}_{n,1}$
第三次循环计算结果	$\overline{P}_{2,2}$	$\overline{P}_{3,2}$	$\overline{P}_{4,2}$	…	$\overline{P}_{n,2}$

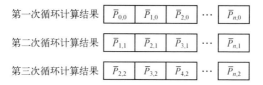

图 2.7　非阶次完全正则化缔合勒让德多项式计算结果示意图

表 2.3　非等阶次完全正则化缔合勒让德函数递推计算步骤

设定球谐函数模型计算最高阶次 n_{max}	
第一步	外层循环第 m 次,$0 \leqslant m \leqslant n$
第二步	内层循环第 m 次,$0 \leqslant n \leqslant n_{max}$
第三步	根据式(2.66)~式(2.68),由 m 和 n 计算递推系数 c_{nm}、a_{nm} 及 β_{nm}
第四步	根据 m,读取等阶次完全正则化缔合勒让德多项式 $\overline{P}_{mm}$
第五步	根据式(2.64),由 $\overline{P}_{mm}$ 递推计算 $\overline{P}_{m+1,m}$
第六步	根据式(2.65),由 $\overline{P}_{mm}$ 和 $\overline{P}_{m+1,m}$ 递推计算 $\overline{P}_{m+2,m}$

4)重力扰动计算

在完成了等阶次完全正则化勒让德多项式和非等阶次完全正则化缔合勒让德函数的计算后,进行乘法、累加等运算,求解出重力扰动,具体步骤如下。

第一步:将计算得到的等阶次完全正则化勒让德多项式、非等阶次缔合勒让德函数分别与非勒让德函数项相乘并累加:

$$\frac{GM}{r^2} \sum_{n=2}^{\infty} \sum_{m=0}^{n} (n+1) \left(\frac{a}{r}\right)^n \overline{P}_{nm}(\cos\vartheta) \tag{2.75}$$

第二步:将第一步结果,分别与球谐模型系数 $\overline{C}_{nm}^*$、$\overline{S}_{nm}$ 相乘

$$\frac{GM}{r^2} \sum_{n=2}^{\infty} \sum_{m=0}^{n} (n+1) \left(\frac{a}{r}\right)^n \overline{C}_{nm}^* \overline{P}_{nm}(\cos\vartheta) \tag{2.76}$$

$$\frac{GM}{r^2} \sum_{n=2}^{\infty} \sum_{m=0}^{n} (n+1) \left(\frac{a}{r}\right)^n \overline{S}_{nm} \overline{P}_{nm}(\cos\vartheta) \tag{2.77}$$

第三步:将第二步结果分别与 $\cos(m\lambda)$、$\sin(m\lambda)$ 相乘后累加,得到重力扰动

$$\delta g = \frac{GM}{r^2} \sum_{n=2}^{\infty} \sum_{m=0}^{n} (n+1) \left(\frac{a}{r}\right)^n \left(\overline{C}_{nm}^* \cos m\lambda + \overline{S}_{nm} \sin m\lambda\right) \overline{P}_{nm}(\cos\vartheta) \tag{2.78}$$

总结使用球谐模型计算重力扰动的方法,得到流程图 2.8。

为验证本节所述计算方法的正确性,将使用本节所述方法计算得到的重力扰动,与 NGA 官方提供的分辨率为 $5' \times 5'$ 的重力扰动网格数据进行比较。

取 NGA 提供的部分重力扰动网格数据,其地理纬度范围为 10°N~11°N,其经度范围为 110°E~112°E,获取其坐标后使用本节方法计算重力扰动并进行比较,重力扰动参考值和计算值如图 2.9 和图 2.10 所示,重力扰动参考值与计算值的差异统计如表 2.4 所列。

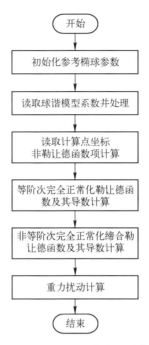

图 2.8　使用重力场球谐函数模型计算重力扰动

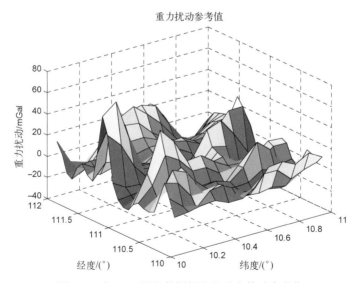

图 2.9　由 NGA 网格数据提取的重力扰动参考值

　　使用本节所述方法计算得到的重力扰动与参考值存在一定差异,造成差异的主要原因是参考值是以网格计算后求平均得到,而计算值是单点计算结果。

两者差异的均值为 -0.0178mGal,标准差为 0.5680mGal,可以认为本节所述的计算方法是正确的。

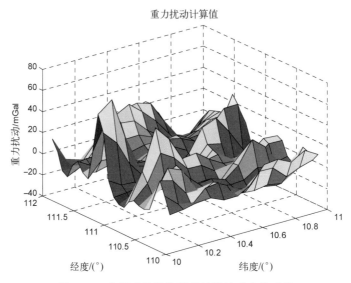

图 2.10　使用球谐函数模型计算的重力扰动值

表 2.4　重力扰动计算结果差异统计

地理纬度范围:10°N~11°N,经度范围:110°E~112°E,球谐模型计算阶次:2~2190 阶		
重 力 扰 动	差异均值/mGal	差异标准差/mGal
δg	-0.0178	0.5680

2.2.3　重力场球谐函数模型计算重力水平扰动

2.2.3.1　垂线偏差与重力水平扰动定义

垂线偏差是重力扰动矢量的方向。假设真实重力矢量与正常重力矢量的几何关系如图 2.11 所示,图中 γ 为根据参考椭球确定的正常重力矢量,g 为真实重力矢量。

垂线偏差包含两个分量,在子午圈方向上的垂线偏差分量为 ξ,其正方向为南向,即 ξ 为正数时真实重力矢量相对于正常重力矢量向南偏移;在卯酉圈方向的垂线偏差分量为 η,其正方向为西向,即 η 为正数时,真实重力矢量相对于正常重力矢量向西偏移。

垂线偏差导致真实重力矢量在当地地理坐标系的水平面内存在投影,本书将其称为重力水平扰动,定义 δg_N 为重力水平扰动的北向分量,定义 δg_E 为重力水平扰动的东向分量,规定 δg_N 的正方向为北向,δg_E 的正方向为东向。

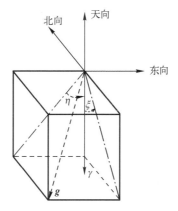

图 2.11　垂线偏差与重力水平扰动定义

在上述垂线偏差分量和重力水平扰动正方向的定义下,垂线偏差分量与重力扰动分量的关系如下,其中 γ 为正常重力模值。

$$\tan\xi = -\frac{\delta g_N}{\gamma} \quad \tan\eta = -\frac{\delta g_E}{\gamma} \tag{2.79}$$

2.2.3.2　重力水平扰动的球谐函数模型

根据重力与重力位的关系,重力扰动水平分量可以用重力位表示为

$$\delta g_N = \frac{\partial W}{\partial x} \quad \delta g_E = \frac{\partial W}{\partial y} \tag{2.80}$$

重力势 W 由正常重力势 U 与扰动重力势 T 组成,于是可以得到

$$\delta g_N = \frac{\partial U}{\partial x} + \frac{\partial T}{\partial x} \quad \delta g_E = \frac{\partial U}{\partial y} + \frac{\partial T}{\partial y} \tag{2.81}$$

因为正常重力是垂直于当地地理坐标系的水平面,因此有

$$\frac{\partial U}{\partial x} = \frac{\partial U}{\partial y} = 0 \tag{2.82}$$

$$\delta g_N = \frac{\partial T}{\partial x} \quad \delta g_E = \frac{\partial T}{\partial y} \tag{2.83}$$

$$\tan\xi = -\frac{1}{\gamma}\frac{\partial T}{\partial x} \quad \tan\eta = -\frac{1}{\gamma}\frac{\partial T}{\partial y} \tag{2.84}$$

考虑到垂线偏差分量的量级为角秒级,可近似取 $\tan(\xi) \approx \xi,\tan(\eta) \approx \eta$,且

将 x 和 y 的微分用子午圈微弧和卯寅圈微弧代替,式(2.84)近似为

$$\xi = -\frac{1}{\gamma \cdot r} \frac{\partial T}{\partial \varphi} \quad \eta = -\frac{1}{\gamma \cdot r \cdot \cos\varphi} \frac{\partial T}{\partial \lambda} \qquad (2.85)$$

式中:r 为计算点指向椭球球心的矢径;φ 为球心纬度;λ 为经度。

于是可以将重力水平扰动用扰动重力势加以表示为

$$\delta g_N = \xi \cdot (-\gamma) = \frac{1}{r} \frac{\partial T}{\partial \varphi} \qquad (2.86)$$

$$\delta g_E = \eta \cdot (-\gamma) = \frac{1}{r \cdot \cos\varphi} \frac{\partial T}{\partial \lambda} \qquad (2.87)$$

如 2.2.2 节所述,由于扰动重力势中的完全正则化勒让德函数一般表示为余纬度 ϑ 的函数,因此可根据球心纬度与余纬度关系,$\vartheta = \frac{\pi}{2} - \varphi$,将式(2.86)变换为对余纬度 ϑ 求导

$$\delta g_N = \xi \cdot (-\gamma) = -\frac{1}{r} \frac{\partial T}{\partial \vartheta} \qquad (2.88)$$

用 $\sin\vartheta$ 替代 $\cos\varphi$

$$\delta g_E = \eta \cdot (-\gamma) = \frac{1}{r \cdot \sin\vartheta} \frac{\partial T}{\partial \lambda} \qquad (2.89)$$

扰动重力势对球心纬度 φ 和经度 λ 求导得到

$$\frac{\partial T}{\partial \vartheta} = \frac{GM}{r} \sum_{n=2}^{\infty} \sum_{m=0}^{n} \left(\frac{a}{r}\right)^n (\overline{C}_{nm}^* \cos m\lambda + \overline{S}_{nm} \sin m\lambda) \frac{\mathrm{d}\overline{P}_{nm}(\cos\vartheta)}{\mathrm{d}\vartheta} \qquad (2.90)$$

$$\frac{\partial T}{\partial \lambda} = \frac{GM}{r} \sum_{n=2}^{\infty} \left(\frac{a}{r}\right)^n \sum_{m=0}^{n} m[\overline{C}_{nm}^*(-\sin m\lambda) + \overline{S}_{nm}(\cos m\lambda)] \overline{P}_{nm}(\cos\vartheta) \qquad (2.91)$$

得到使用球谐函数计算重力水平扰动公式:

$$\delta g_N = -\frac{GM}{r^2} \sum_{n=2}^{\infty} \sum_{m=0}^{n} \left(\frac{a}{r}\right)^n (\overline{C}_{nm}^* \cos m\lambda + \overline{S}_{nm} \sin m\lambda) \frac{\mathrm{d}\overline{P}_{nm}(\cos\vartheta)}{\mathrm{d}\vartheta} \qquad (2.92)$$

$$\delta g_E = \frac{GM}{\sin\vartheta \cdot r^2} \sum_{n=2}^{\infty} \left(\frac{a}{r}\right)^n \sum_{m=0}^{n} m[\overline{C}_{nm}^*(-\sin m\lambda) + \overline{S}_{nm}(\cos m\lambda)] \overline{P}_{nm}(\cos\vartheta) \qquad (2.93)$$

使用球谐模型计算重力扰动与计算重力水平扰动是类似的,但又有如表2.5所列的差异。

表 2.5　重力扰动与重力扰动水平分量计算公式对比

符　号	因　子	非勒让德函数项	勒让德函数项
δg	$\dfrac{GM}{r^2}$	$(n+1)(a/r)^n$	$(\bar{C}_{nm}^* \cos m\lambda + \bar{S}_{nm} \sin m\lambda)\bar{P}_{nm}(\cos\vartheta)$
δg_N	$\dfrac{-GM}{r^2}$	$(a/r)^n$	$(\bar{C}_{nm}^* \cos m\lambda + \bar{S}_{nm} \sin m\lambda)\dfrac{\mathrm{d}\bar{P}_{nm}(\cos\vartheta)}{\mathrm{d}\vartheta}$
δg_E	$\dfrac{GM}{\sin\vartheta \cdot r^2}$	$(a/r)^n$	$m\left[\bar{C}_{nm}^*(-\sin m\lambda) + \bar{S}_{nm}(\cos m\lambda)\right]\bar{P}_{nm}(\cos\vartheta)$

在 2.2.2 节中介绍的求解重力扰动方法的基础上,进行适当改动,即可实现重力水平扰动计算。主要差异在于计算重力水平扰动北向分量时,需要求解完全正则化勒让德函数的导数,下面介绍递推求解完全正则化勒让德函数导数的方法。

根据阶 n 和次 m 的关系,完全正则化勒让德函数的导数通过如下两个递推公式计算得到,系数 a_{nm} 即式(2.67)。

当 $n=m$ 时

$$\frac{\mathrm{d}\bar{P}_{nn}(\cos\theta)}{\mathrm{d}\theta} = n \cdot \cot\theta \cdot \bar{P}_{nn}(\cos\theta) \tag{2.94}$$

当 $n>m$ 时

$$\frac{\mathrm{d}\bar{P}_{nm}(\cos\theta)}{\mathrm{d}\theta} = n \cdot \cot\theta \cdot \bar{P}_{nm}(\cos\theta) - \frac{1}{\sin\theta}\frac{2n+1}{a_{nm}}\bar{P}_{n-1,m}(\cos\theta) \tag{2.95}$$

从式(2.94)可以看到,求解等阶次的完全正则化勒让德函数的导数,需要先求解出等阶次完全正则化勒让德函数,其计算方法已在 2.2.2 节中进行了论述。从式(2.95)可以看到,求解非等阶次完全正则化勒让德函数的导数,需要先求解出非等阶次完全正则化勒让德函数,其计算方法也在 2.2.2 节中进行了论述。

2.2.4　重力水平扰动计算验证

NGA 官方提供了全球分辨率 5′×5′的垂线偏差网格数据,需要注意的是该网格数据是椭球面上的垂线偏差网格数据,将其取负后乘以正常重力即可得到重力水平扰动。

取 NGA 提供的部分垂线偏差网格数据,其地理纬度范围为 10°N~11°N,其经度范围为 110°E~112°E,获取其坐标后使用所述方法计算重力水平扰动并进行比较,计算值与参考值差异如图 2.12、图 2.13 所示,差异统计如表 2.6 所列。从对比结果可以看到,计算结果与 NGA 给出的参考结果基本一致,验证了2.2.3 节所述方法的正确性。造成计算值与参考值间存在微小差异的原因在于,NGA 给出的结果是区域平均值,而 2.2.3 节给出的是单点的重力水平扰动。

表 2.6 重力水平扰动计算结果差异统计

地理纬度范围:10°N~11°N,经度范围:110°E~112°E,球谐模型计算阶次:2~2190 阶		
重力水平扰动	差异均值/mGal	差异标准差/mGal
δg_N	0.0037	0.0021
δg_E	−0.0027	0.0016

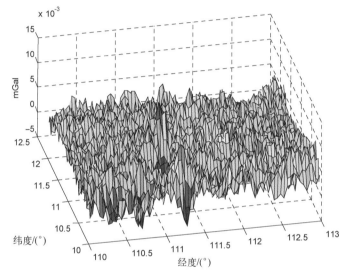

图 2.12 重力水平扰动南北向分量差异

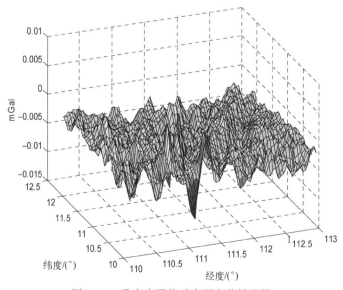

图 2.13 重力水平扰动东西向分量差异

2.3　本 章 小 结

本章论述了惯性导航基本原理,推导惯性导航误差方程,为第 3 章分析重力水平扰动影响惯性导航的误差机理分析奠定了基础。论述了垂线偏差的定义,并由垂线偏差导出了重力水平扰动的定义。最后,由位势理论推导了基于重力场球谐函数模型的重力水平扰动计算方法,为后文进行的重力补偿试验提供了数据支撑。

第3章　惯性导航重力补偿方法研究

重力水平扰动影响初始对准和导航解算精度,为了提高水下长航时惯性导航精度,需要在通过补偿消除重力水平扰动对惯性导航系统的影响。本章对重力水平扰动补偿方法开展研究。

3.1　重力水平扰动影响惯性导航误差机理

3.1.1　误差机理分析方法

针对重力水平扰动对惯性导航的影响,国内外学者开展了大量研究,其主要方法是基于方差分析[9],通过惯性导航误差方程求解垂线偏差引起惯性导航误差的传递函数,而后通过将重力水平扰动建模为不同阶次的马尔科夫过程,仿真分析得到重力水平扰动引起的惯性导航误差。

上述方差分析方法能够定量地评估重力水平扰动对惯性导航定位精度的影响,特别是在已知某地区的重力水平扰动统计信息时,能够以一定精度评估其对惯导系统的影响。但是,方差分析法的不足之处在于:将重力水平扰动等效为加速度计零偏代入惯性导航误差方程,只是反映了导航解算阶段重力水平扰动对惯性导航的影响。

初始对准与导航解算是惯性导航的两个连续过程,而且重力水平扰动在初始对准阶段就已经对 INS 产生了影响,因此分析重力水平扰动对 INS 影响时,需要将其对初始对准和导航解两个阶段的影响联合起来考虑。

重力水平扰动引起惯性导航误差的原因在于两点:

(1) 由于重力水平扰动的存在,惯性导航速度解算中将投影在不同坐标系的矢量进行运算,不满足矢量运算法则,导致速度计算误差,并通过舒勒环的耦合引起姿态误差。

(2) 由于重力水平扰动的存在,初始对准中建立的导航坐标系与推导导航计算方程时所假设的导航坐标系不一致,这就使初始对准和惯性导航解算这两个阶段的坐标系不统一,因而使 INS 产生误差。

在后续的重力水平扰动影响分析中,分析的出发点基于这样一个基本事实:矢量计算可以在任意坐标系下进行,但所有参与计算的矢量必须投影在同一个坐标系下。在惯性导航中,根据这一基本事实,得到保证惯性导航计算正确的两个约束条件。

约束条件 1:初始对准中建立的导航坐标系与推导导航计算方程时所假设的导航坐标系必须是一致的。

约束条件 2:惯性导航姿态计算、速度计算和位置计算时,参与计算的所有矢量必须投影在同一坐标系下。

根据上述两个约束条件,分析重力水平扰动引起惯性导航误差机理。需要特别说明的是,为了更好地分析重力水平扰动的影响,在下面的分析中假设惯性传感器是理想的,即不考虑陀螺和加速度计的零偏和噪声。

3.1.2 误差机理分析与结论

在进行分析前,首先定义重力水平扰动补偿的含义,重力水平扰动补偿是指:将真实的重力矢量用于惯性导航解算,而不是使用正常重力模型给出的重力矢量。

通常以当地地理坐标系为导航坐标系,在 n 系下进行导航时,若未补偿重力水平扰动,即用正常重力矢量 $\boldsymbol{\gamma}^n$ 替代下式中的真实重力矢量 $\boldsymbol{g}^n$:

$$\dot{\boldsymbol{v}}_e^n = \boldsymbol{C}_b^n \boldsymbol{f}^b - (2\boldsymbol{\omega}_{ie}^n + \boldsymbol{\omega}_{en}^n) \times \boldsymbol{v}_e^n + \boldsymbol{g}^n \qquad (3.1)$$

因而实际的惯性导航速度计算公式如下式所示:

$$\dot{\boldsymbol{v}}_e^n = \boldsymbol{C}_b^n \boldsymbol{f}^b - (2\boldsymbol{\omega}_{ie}^n + \boldsymbol{\omega}_{en}^n) \times \boldsymbol{v}_e^n + \boldsymbol{\gamma}^n \qquad (3.2)$$

在 n 系下,真实重力矢量 $\boldsymbol{\gamma}^n$ 与正常重力矢量 $\boldsymbol{g}^n$ 的对比如下:

$$\boldsymbol{g}^n = \begin{bmatrix} \xi \cdot \gamma & \eta \cdot \gamma & \gamma \end{bmatrix}^{\mathrm{T}} = \delta\boldsymbol{g}^n + \boldsymbol{\gamma}^n \qquad (3.3)$$

$$\delta\boldsymbol{g}^n = \begin{bmatrix} \delta g_{\mathrm{N}}^n & \delta g_{\mathrm{E}}^n & 0 \end{bmatrix}^{\mathrm{T}} \qquad (3.4)$$

$$\boldsymbol{\gamma}^n = \begin{bmatrix} 0 & 0 & \gamma \end{bmatrix}^{\mathrm{T}} \qquad (3.5)$$

可以看到,当使用正常重力矢量 $\boldsymbol{\gamma}^n$ 替代真实重力矢量 $\boldsymbol{g}^n$ 参与惯性导航速度计算时,会因为缺少重力水平扰动项 $\delta\boldsymbol{g}^n$ 而使得速度计算结果存在系统差,这是重力水平扰动引起惯性导航误差的传统解释[9, 21, 106-108]。

3.1.2.1 重力水平扰动对初始对准的影响

传统的解释很好地说明了重力水平扰动引起惯性导航误差的原因,但其局限性在于:只是从速度计算环节分析了重力水平扰动的影响,没有分析重力水平扰动对初始对准的影响。

根据 2.1.1 节对当地地理真垂线导航坐标系的定义,真实重力矢量在 n' 系

下具有如下形式:

$$\boldsymbol{g}^{n'} = \begin{bmatrix} 0 & 0 & \gamma \end{bmatrix}^{\mathrm{T}} \tag{3.6}$$

对比式(3.5)和式(3.6)可以看到,n 系下的正常重力矢量和 n' 系下的真实重力矢量的形式是完全相同的。在 n 系下进行未补偿的速度解算,可以看作是将 n' 系下的真实重力矢量用于了 n 系下的速度计算方程,而该方程中其他矢量则是在 n 系下的投影,将不同坐标系下的投影放在一起运算,不满足约束条件 2,于是产生了速度计算误差。

此外,正是由于不满足约束条件 2,在 2.1.3 节中所建立的惯性导航速度误差方程式(2.27)就不能准确地描述速度误差的变化规律,即精对准卡尔曼滤波器存在模型误差,正确的速度误差方程应该包含重力水平扰动对速度误差的影响,如下所示:

$$\delta\dot{\boldsymbol{v}}_e^n = [\boldsymbol{f}^n \times]\boldsymbol{\Psi} - (2\boldsymbol{\omega}_{ie}^n + \boldsymbol{\omega}_{en}^n) \times \delta\boldsymbol{v}_e^n - \delta\boldsymbol{\omega}_{en}^n \times \boldsymbol{v}_e^n + \boldsymbol{C}_b^n \delta\boldsymbol{f}^b + \delta\boldsymbol{g}^n \tag{3.7}$$

用式(3.7)减去式(2.27),可以得到由于模型误差所引起的姿态估计误差

$$\Delta\dot{\boldsymbol{v}}_e^n = [\boldsymbol{f}^n \times]\Delta\boldsymbol{\Psi} + \delta\boldsymbol{g}^n \tag{3.8}$$

式中:$\Delta\boldsymbol{\Psi}$ 为由于精对准卡尔曼滤波器模型误差所引起的姿态估计误差。

卡尔曼滤波器收敛的条件是新息趋近于零,因此令 $\Delta\dot{\boldsymbol{v}}_e^n$ 等于零,即可得到滤波器模型误差导致的姿态估计误差

$$\Delta\boldsymbol{\Psi} = \begin{bmatrix} -\eta & \xi & 0 \end{bmatrix}^{\mathrm{T}} \tag{3.9}$$

由于姿态估计误差 $\Delta\boldsymbol{\Psi}$ 的存在,初始对准中所建立的导航坐标系 $\tilde{n}$ 就不再与推导速度解算方程时所假设的导航坐标系 n 一致,这就不满足约束条件 1。

3.1.2.2 重力水平扰动对导航解算的影响

初始对准得到的方向余弦矩阵为 $\boldsymbol{C}_b^{\tilde{n}}$,代入速度计算方程,载体加速度为

$$\boldsymbol{C}_b^{\tilde{n}}\boldsymbol{f}^b - (2\boldsymbol{\omega}_{ie}^n + \boldsymbol{\omega}_{en}^n) \times \boldsymbol{v}_e^n + \boldsymbol{g}^{n'} \tag{3.10}$$

其中:第一项为比力投影 $\boldsymbol{C}_b^{\tilde{n}}\boldsymbol{f}^b$,可以看到比力被投影到 $\tilde{n}$ 坐标系。

第二项 $(2\boldsymbol{\omega}_{ie}^n + \boldsymbol{\omega}_{en}^n) \times \boldsymbol{v}_e^n$ 为离心加速度和哥氏加速度,因为初始对准中速度和位置能够准确地确定,因此 $\boldsymbol{\omega}_{ie}^n$、$\boldsymbol{\omega}_{en}^n$ 和 $\boldsymbol{v}_e^n$ 能够准确地计算并投影到 n 系下,即可准确地得到 n 系下的 $(2\boldsymbol{\omega}_{ie}^n + \boldsymbol{\omega}_{en}^n) \times \boldsymbol{v}_e^n$。

第三项为重力矢量,由于未补偿重力水平扰动,将 n' 系下的重力矢量 $\boldsymbol{g}^{n'}$ 用于速度解算。

由上述分析可以看到,受重力水平扰动的影响,计算的载体加速度是三个不同坐标系下矢量投影的和,不满足约束条件 1,因此将产生速度计算误差和位置计算误差,这就是考虑了初始对准后,重力水平扰动对惯性导航速度计算的影响。

接下来分析重力水平扰动对姿态计算的影响,首先是初始对准得到的姿态初始值含有误差 $\Delta\boldsymbol{\Psi}$,其次是用于姿态更新的角速度计算含有误差,理想的姿态计算方程为

$$\dot{\boldsymbol{C}}_b^n = \boldsymbol{C}_b^n[\boldsymbol{\omega}_{nb}^b\times] \tag{3.11}$$

由于前述的初始对准错误,进行姿态计算时,第一项使用的是 $\boldsymbol{C}_b^{\tilde{n}}$ 而非 $\boldsymbol{C}_b^n$。

由式(2.13)知,第二项 $\boldsymbol{\omega}_{nb}^b$ 的准确计算需要 $\boldsymbol{\omega}_{en}^n$ 和 $\boldsymbol{\omega}_{en}^n$,而因为不满足约束条件 2,速度和位置计算已经发生了错误,因此 $\boldsymbol{\omega}_{nb}^b$ 也无法准确地计算。

3.1.2.3　误差机理分析结论

通过以上分析,可以得到重力水平扰动引起惯性导航的误差机理:

(1) 未补偿重力水平扰动,将 n' 系下的重力矢量代入到 n 系下推导的速度计算方程中,不符合约束条件 2。

(2) 由于(1)的影响,导致速度计算结果含有误差,精对准滤波器存在模型误差,导致姿态估计误差,建立的导航系是 $\tilde{n}$ 系而非 n,不符合约束条件 1。

(3) 由于(2)的影响,速度计算时载体加速度是由三个坐标系下的矢量投影求和得到,不满足约束条件 2,导致了速度误差和位置误差。

(4) 姿态更新中,由于(1)的影响导致姿态的初始值是含有误差的,由于(3)的影响用于姿态更新的角速度也含有误差,导致了姿态计算误差。

通过上述分析可以看到:从坐标系与矢量计算的角度,同时分析重力水平扰动对初始对准与导航计算的影响,可以全面地了解水平扰动误差在惯性系统内的传播规律。

根据上述分析可以看到,要消除重力水平扰动对惯性导航的影响,需要同时对初始对准和导航计算进行重力补偿,通过补偿使约束条件 1 和约束条件 2 在整个惯性导航过程中始终成立。

3.2　重力水平扰动速度补偿算法

3.2.1　重力水平扰动速度补偿算法设计思路

当选择 n 系为导航坐标系时,对惯性导航进行重力水平扰动补偿的方法称为重力水平扰动速度补偿算法,其核心有三点:

(1) 惯性导航使用真实重力矢量而不是正常重力矢量。

(2) 要确保初始对准中建立的导航坐标系是 n 系,使初始对准中建立的导

航坐标系与推导导航计算方程时所假设的导航坐标系一致。

（3）保证所有参与惯性导航计算的矢量均是 n 系下的投影。

3.2.2 导航坐标系转动矢量计算方法

n' 系下的真实重力矢量是准确已知的，如式（3.6）所示，如果能够建立 n' 系与 n 系的转换关系，则可获得 n 系下真实的重力矢量，并将其用于速度计算。n' 系与 n 系的几何关系分析如下：

根据 2.1.1 节的坐标系定义，n' 系与 n 系的原点均在载体所在位置，因此两坐标系原点重合，其几何关系如图 3.1 所示，若将 n 系绕旋转轴 u 旋转角度 ϑ，即可与 n' 系重合。

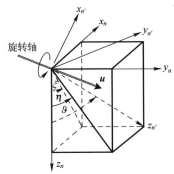

图 3.1　两种导航坐标系间的几何关系

将 n' 系看作是由 n 系绕旋转轴 u 旋转 ϑ 角度后得到，则对应的四元数为

$$\boldsymbol{Q} = [\cos(\vartheta/2) \quad u_x \cdot \sin(\vartheta/2) \quad u_y \cdot \sin(\vartheta/2) \quad u_z \cdot \sin(\vartheta/2)]^\mathrm{T} \quad (3.12)$$

为获得上述四元数，需要求解旋转轴 u 和转动角度 ϑ，由图 3.1 可以看出旋转轴 u 和转动角度 ϑ 是与垂线偏差分量 ξ 和 η 相关的。

3.2.2.1 旋转轴计算方法

设 $\boldsymbol{u} = [u_x \quad u_y \quad u_z]^\mathrm{T}$，在 n 系下真实重力矢量 $\boldsymbol{g}$ 的坐标为 $[\gamma \cdot \xi \quad \gamma \cdot \eta \quad \gamma]^\mathrm{T}$，其方向矢量为 $[\xi \quad \eta \quad 1]^\mathrm{T}$，旋转轴 u 为平面内过原点且与重力矢量 $\boldsymbol{g}$ 正交的单位矢量，满足以下三个约束条件：

（1）$\boldsymbol{u}$ 在 x_n-y_n 平面内。

（2）$\boldsymbol{u}$ 过原点。

（3）正交于平面 z_n-$z_{n'}$。

根据上述三个条件可以得到

$$u_x = \frac{-\eta}{\sqrt{\xi^2 + \eta^2}} \quad u_y = \frac{\xi}{\sqrt{\xi^2 + \eta^2}} \quad u_z = 0 \quad (3.13)$$

3.2.2.2　转动角度计算方法

转动角度 ϑ 是 z_n 轴与 $z_{n'}$ 轴之间的夹角,在 n 系下 z_n 轴的坐标为 $\begin{bmatrix} 0 & 0 & 1 \end{bmatrix}^T$, $z_{n'}$ 轴的坐标为 $\begin{bmatrix} \xi & \eta & 1 \end{bmatrix}^T$,则可根据矢量内积计算公式得到转动角度 ϑ:

$$\vartheta = \arccos\left(\frac{1}{\sqrt{1+\eta^2+\xi^2}} \right) \tag{3.14}$$

得到旋转轴 $\boldsymbol{u}$ 和转动角度 ϑ 后,即可得到对应四元数的表达式:

$$\boldsymbol{Q} = \begin{bmatrix} q_0 & q_1 & q_2 & 0 \end{bmatrix}^T \tag{3.15}$$

$$q_0 = \cos(\arccos(1/\sqrt{1+\eta^2+\xi^2})/2)$$

$$q_1 = \sin(\arccos(1/\sqrt{1+\eta^2+\xi^2})/2) \cdot (-\eta/\sqrt{\xi^2+\eta^2})$$

$$q_2 = \sin(\arccos(1/\sqrt{1+\eta^2+\xi^2})/2) \cdot (\xi/\sqrt{\xi^2+\eta^2})$$

利用四元数与方向余弦矩阵的关系,可以得到由 n' 系变换到 n 系的方向余弦矩阵:

$$\boldsymbol{C}_{n'}^{n} = \begin{bmatrix} q_0^2+q_1^2-q_2^2 & 2(q_1 \cdot q_2) & 2(q_0 \cdot q_2) \\ 2(q_1 \cdot q_2) & q_0^2-q_1^2+q_2^2 & 2(-q_0 \cdot q_1) \\ -2(q_0 \cdot q_2) & 2(q_0 \cdot q_1) & q_0^2-q_1^2-q_2^2 \end{bmatrix} \tag{3.16}$$

最后利用 $\boldsymbol{C}_{n'}^{n}$ 将 n' 系下的真实重力矢量变换到 n 系下,得到 n 系下的真实重力矢量 $\boldsymbol{g}^n$,并将 $\boldsymbol{g}^n$ 用于惯性导航速度计算。

$$\boldsymbol{g}^n = \boldsymbol{C}_{n'}^{n} \boldsymbol{g}^{n'} \tag{3.17}$$

$$\boldsymbol{g}^{n'} = \begin{bmatrix} 0 & 0 & \gamma \end{bmatrix}^T \tag{3.18}$$

3.2.3　重力水平扰动速度补偿算法总结

重力水平扰动速度补偿方法的关键在于使用真实重力矢量以及保证惯性导航计算过程始终是在 n 系下进行,含有水平重力扰动速度补偿的惯性导航解算流程如图 3.2 所示,其主要步骤总结如下。

第一步:将惯导系统输出位置信息,代入式(2.92)和式(2.93)分别计算重力水平扰动北向分量 δg_N 和重力扰动东向分量 δg_E;

第二步:根据垂线偏差与重力水平扰动关系式(2.79),计算垂线偏差北向分量 ξ 和垂线偏差东向分量 η;

第三步:将第二步计算的 ξ 和 η 代入式(3.15),计算四元数 $\boldsymbol{Q}$;

第四步:将第三步计算的四元数 $\boldsymbol{Q}$ 代入式(3.16),计算方向余弦矩阵 $\boldsymbol{C}_{n'}^{n}$;

第五步:将第四步计算的方向余弦矩阵代入式(3.17),计算 n 系下的真实重力矢量 $\boldsymbol{g}^n$,并将其用于惯性导航解算。

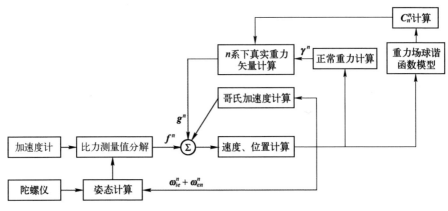

图 3.2　含有重力水平扰动速度补偿的惯性导航原理框图

3.3　重力水平扰动姿态补偿算法

3.3.1　重力水平扰动姿态补偿算法设计思路

在 3.2 节中,将 n 系作为导航坐标系,n 系是惯性导航中常见的导航坐标系。事实上,根据矢量计算准则,惯性导航也可以在 n' 系下进行。

相比于 n 系为导航坐标系,选择 n' 系为导航系的优点在于真实重力矢量在 n' 系下具有简洁、精确的形式:$\boldsymbol{g}^{n'} = \begin{bmatrix} 0 & 0 & \gamma \end{bmatrix}^{\mathrm{T}}$,不需要对重力矢量补偿,即可用于速度计算,但载体加速度计算方程与式(2.16)有所差异,n' 系下的载体加速度计算方程如下所示:

$$\dot{\boldsymbol{v}}_e^{n'} = \boldsymbol{C}_b^{n'} \boldsymbol{f}^b - (2\boldsymbol{\omega}_{ie}^{n'} + \boldsymbol{\omega}_{en}^{n'}) \times \boldsymbol{v}_e^{n'} + \boldsymbol{g}^{n'} \tag{3.19}$$

对比式(2.16)和式(3.19),主要差别在于参与载体加速度计算的矢量均是 n' 系下的投影。

为了保证姿态计算结果是 n' 系,n' 系下的姿态计算方程也与 n 系有所区别,n' 系下方向余弦矩阵微分方程为

$$\dot{\boldsymbol{C}}_b^{n'} = \boldsymbol{C}_b^{n'} \begin{bmatrix} \boldsymbol{\omega}_{n'b}^b \times \end{bmatrix}$$

式中:$\boldsymbol{\omega}_{n'b}^b$ 为 b 系相对于 n' 系的转动角速度在 b 系下的投影。

3.3.2　姿态更新角速度计算方法

角速度 $\boldsymbol{\omega}_{n'b}^b$ 是 n' 系下姿态更新的关键,根据角速度合成公式将 $\boldsymbol{\omega}_{n'b}^b$ 分解为

$$\boldsymbol{\omega}_{n'b}^{b} = \boldsymbol{\omega}_{ib}^{b} - (\boldsymbol{C}_{b}^{n'})^{\mathrm{T}}(\boldsymbol{\omega}_{ie}^{n'} + \boldsymbol{\omega}_{en}^{n'}) - \boldsymbol{\omega}_{nn'}^{n'} \tag{3.20}$$

式中：$\boldsymbol{\omega}_{ib}^{b}$ 为陀螺输出；$\boldsymbol{\omega}_{ie}^{n'}$ 为地球自转角速度在 n' 系投影；$\boldsymbol{\omega}_{en}^{n'}$ 为转移角速度在 n' 系投影；$\boldsymbol{\omega}_{nn'}^{n'}$ 为 n 系与 n' 系间的变化角速度，实际上 $\boldsymbol{\omega}_{nn'}^{n'}$ 反映的是垂线偏差的变化，本书将其称为"垂线偏差牵连角速度"。

3.3.2.1　垂线偏差牵连角速度计算方法

设垂线偏差更新周期为 T，记 n' 系旋转到 n 系的四元数为 $\boldsymbol{Q}(t)$，$\boldsymbol{Q}(t)$ 计算方法与 3.2 节一致，根据四元数微分方程得到

$$\boldsymbol{Q}(t_{k}) = \boldsymbol{Q}(t_{k-1}) \otimes \boldsymbol{q}(T) \tag{3.21}$$

式中：$\boldsymbol{q}(t)$ 为由 $\boldsymbol{\omega}_{nn'}^{n'}$ 引起的 n' 系相对于 n 系的姿态变化。

垂线偏差更新周期 T，即是使用重力场球谐函数模型计算载体所在位置垂线偏差的周期，这个更新周期的设定主要取决于载体的速度以及所使用的球谐函数模型的分辨率。一般来说，垂线偏差变化相对其更新周期 T 来说是非常缓慢的，因此可以假设在 $[t_{k-1}, t_{k}]$ 内 $\boldsymbol{\omega}_{nn'}^{n'}$ 为常值，$\boldsymbol{\omega}_{nn'}^{n'}$ 积分构成的等效旋转矢量为

$$\boldsymbol{\Theta} = \int_{t_{k-1}}^{t_{k}} \boldsymbol{\omega}_{nn'}^{n'}(t)\mathrm{d}t = T \cdot \boldsymbol{\omega}_{nn'}^{n'}(t_{k-1}) \tag{3.22}$$

$$\boldsymbol{\Theta} = \begin{bmatrix} \Theta_{x} & \Theta_{y} & \Theta_{z} \end{bmatrix}^{\mathrm{T}} \tag{3.23}$$

其中，$\boldsymbol{q}(t)$ 可由等效旋转矢量 $\boldsymbol{\Theta}$ 构造按如下方式构造：

$$\boldsymbol{q}(T) = \cos\frac{\|\boldsymbol{\Theta}\|}{2} + \frac{\boldsymbol{\Theta}}{\|\boldsymbol{\Theta}\|}\sin\frac{\|\boldsymbol{\Theta}\|}{2} = \begin{bmatrix} \cos(\|\boldsymbol{\Theta}\|/2) \\ \Theta_{x} \cdot \sin(\|\boldsymbol{\Theta}\|/2) \\ \Theta_{y} \cdot \sin(\|\boldsymbol{\Theta}\|/2) \\ \Theta_{z} \cdot \sin(\|\boldsymbol{\Theta}\|/2) \end{bmatrix} \tag{3.24}$$

通过将 t_{k} 和 t_{k-1} 时刻的垂线偏差代入式（3.15）可计算得到 $\boldsymbol{Q}(t_{k})$ 与 $\boldsymbol{Q}(t_{k-1})$，再将 $\boldsymbol{Q}(t_{k})$ 与 $\boldsymbol{Q}(t_{k-1})$ 代入式（3.21）计算 $\boldsymbol{q}(t)$，计算方法如下：

$$\boldsymbol{Q}(t_{k}) = M[\boldsymbol{Q}(t_{k-1})]\boldsymbol{q}(T) \tag{3.25}$$

$$\boldsymbol{Q}(t_{k}) = \begin{bmatrix} q_{0}(t_{k}) & q_{1}(t_{k}) & 0 & q_{3}(t_{k}) \end{bmatrix}^{\mathrm{T}} \tag{3.26}$$

$$\boldsymbol{Q}(t_{k-1}) = \begin{bmatrix} q_{0}(t_{k-1}) & q_{1}(t_{k-1}) & 0 & q_{3}(t_{k-1}) \end{bmatrix}^{\mathrm{T}} \tag{3.27}$$

$$M[\boldsymbol{Q}(t_{k-1})] = \begin{bmatrix} q_{0}(t_{k-1}) & -q_{1}(t_{k-1}) & 0 & -q_{3}(t_{k-1}) \\ q_{1}(t_{k-1}) & q_{0}(t_{k-1}) & -q_{3}(t_{k-1}) & 0 \\ 0 & q_{3}(t_{k-1}) & q_{0}(t_{k-1}) & -q_{1}(t_{k-1}) \\ q_{3}(t_{k-1}) & 0 & q_{1}(t_{k-1}) & q_{0}(t_{k-1}) \end{bmatrix} \tag{3.28}$$

于是可以得到

$$
\boldsymbol{q}(T)=\begin{bmatrix} \cos(\parallel\boldsymbol{\Theta}\parallel/2) \\ \boldsymbol{\Theta}_x\cdot\sin(\parallel\boldsymbol{\Theta}\parallel/2) \\ \boldsymbol{\Theta}_y\cdot\sin(\parallel\boldsymbol{\Theta}\parallel/2) \\ \boldsymbol{\Theta}_z\cdot\sin(\parallel\boldsymbol{\Theta}\parallel/2) \end{bmatrix}=\begin{bmatrix} q_0(t_{k-1}) & -q_1(t_{k-1}) & 0 & -q_3(t_{k-1}) \\ q_1(t_{k-1}) & q_0(t_{k-1}) & -q_3(t_{k-1}) & 0 \\ 0 & q_3(t_{k-1}) & q_0(t_{k-1}) & -q_1(t_{k-1}) \\ q_3(t_{k-1}) & 0 & q_1(t_{k-1}) & q_0(t_{k-1}) \end{bmatrix}^{-1}\begin{bmatrix} q_0(t_k) \\ q_1(t_k) \\ 0 \\ q_3(t_k) \end{bmatrix}
$$

$$(3.29)$$

最后，根据 $\boldsymbol{q}(t)$ 可得到 $\boldsymbol{\omega}_{nn'}^{n'}$ 为

$$
\boldsymbol{\omega}_{nn'}^{n'}=\begin{bmatrix} (\parallel\boldsymbol{\Theta}\parallel/T)\cdot\boldsymbol{\Theta}_x \\ (\parallel\boldsymbol{\Theta}\parallel/T)\cdot\boldsymbol{\Theta}_y \\ (\parallel\boldsymbol{\Theta}\parallel/T)\cdot\boldsymbol{\Theta}_z \end{bmatrix}
$$

$$(3.30)$$

3.3.2.2 n' 系下地球自转角速度计算方法

$\boldsymbol{\omega}_{ie}$ 投影到 n 系时有准确的计算公式，而投影到 n' 系则没有相应的计算公式。当导航系选择为 n' 系时，北向速度并不严格指向参考椭球的北极点，同样东向速度也不与参考椭球子午面严格正交，因此 n' 系下北向速度的积分并不等于纬度变化量，东向速度的积分并不等于经度的变化量，因此位置更新前需要将 n' 系下计算得到的速度矢量 $\boldsymbol{v}_e^{n'}$ 投影到 n 系再积分才能实现纬度和经度更新，而后根据更新后的纬度和经度计算 $\boldsymbol{\omega}_{ie}^{n}$，再将其投影到 n' 系后得到姿态更新所需要的 $\boldsymbol{\omega}_{ie}^{n'}$。

3.3.2.3 n' 系下转移角速度计算方法

由 2.1.1 节坐标系定义可知，n' 系和 n 系的原点是重合的，即两坐标系相对于地球坐标系有相同的旋转角速度：

$$
\boldsymbol{\omega}_{en'}=\boldsymbol{\omega}_{en}
$$

$$(3.31)$$

因为 $\boldsymbol{\omega}_{en}$ 在 n 系下投影时有准确的计算公式，于是将 $\boldsymbol{v}_e^{n'}$ 投影到 n 系后计算 $\boldsymbol{\omega}_{en}^{n}$，再将 $\boldsymbol{\omega}_{en}^{n}$ 投影到 n' 系即得到 $\boldsymbol{\omega}_{en}^{n'}$。

▶ 3.3.3 重力水平扰动姿态补偿算法总结

重力水平扰动姿态补偿方法的核心思想在于：使用真实重力矢量以及保证惯性导航计算过程始终是在 n' 系下进行，含有水平重力扰动姿态补偿的惯性导航解算流程如图 3.3 所示，其主要步骤总结如下。

第 1 步：将惯导系统输出位置信息，代入式(2.92)和式(2.93)分别计算重力扰动北向分量 δg_N 和重力扰动东向分量 δg_E；

第 2 步：根据垂线偏差与重力水平扰动关系式(2.79)，计算垂线偏差北向分量 ξ 和垂线偏差东向分量 η；

第 3 步：将第二步计算的 ξ 和 η 代入式(3.15)，计算当前更新周期的四元

数 $\boldsymbol{Q}(t_k)$ ；

第 4 步：将第三步计算的当前更新周期的四元数 $\boldsymbol{Q}(t_k)$ 和上一更新周期的四元数 $\boldsymbol{Q}(t_{k-1})$ 代入式（3.29），计算 $\boldsymbol{q}(t)$ ；

第 5 步：将第 4 步计算 $\boldsymbol{q}(t)$ 代入式（3.30），计算垂线偏差牵连角速度 $\boldsymbol{\omega}_{nn'}^{n'}$ 。

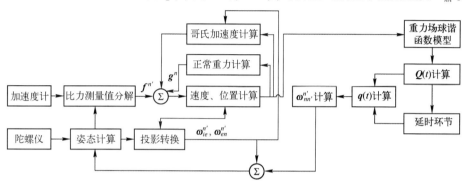

图 3.3　含有重力水平扰动姿态补偿的惯性导航原理框图

3.4　重力水平扰动补偿方法仿真验证

对于中、低精度的 INS，惯性传感器误差是主要误差源，因此重力补偿对于高精度 INS 更有意义。在本节仿真中，假设惯性传感器为高精度等级，惯性传感器参数依据是文献[109]给出的关于惯性传感器精度的简单分类，如表 3.1 所列。

表 3.1　惯性传感器精度等级

惯性传感器	单位	精度等级		
		高精度	中精度	低精度
陀螺	$(\degree)/h$	$\leq 10^{-3}$	$\approx 10^{-2}$	$\geq 10^{-1}$
加速度计	$g \approx 9.8\,\mathrm{m/m^2}$	$\leq 10^{-8}$	$\approx 10^{-6}$	$\geq 10^{-5}$

在本节仿真中，惯导系统初始位置处的重力水平扰动设置为 3.5 节海试试验中试验船航行轨迹上重力水平扰动的均值。试验船航行轨迹上的重力扰动是通过将 GNSS 接收机输出的经纬高数据输入到 EGM2008 重力场球谐函数模型计算得到。试验船航迹上的重力水平扰动北向分量均值为-17.94mGal，重力水平扰动东向分量均值为 34.66mGal。

仿真中，惯性传感器的采样频率与初始对准时间是两项重要参数。3.5 节船载试验中，惯性传感器的采样频率为 200Hz，本节仿真中惯性传感器的采样频率也设置为 200Hz。

初始对准时间的设置遵循这样的原则:初始对准时间必须保证精对准卡尔曼滤波器能够充分地收敛,一旦精对准卡尔曼滤波器收敛了,继续延长对准时间并不能提高初始对准的精度。根据实践经验与 3.5 节中船载 INS 的初始对准时间,将仿真中的初始对准时间设置为 15min,这个时间能满足绝大多数高精度 INS 的对准时间需求,并且从后文的仿真结果也可以看到,卡尔曼滤波器的状态估计值在 10min 以内就已经收敛,因此将初始对准时间设置为 15min 是合适的。INS 的初始状态参数是根据 3.5 节船载惯导系统的参数进行设置,如表 3.2 所列。

表 3.2 惯性导航系统初始参数设置

惯导初始状态	单 位	初始状态	初 始 值
初始姿态	(°)	横滚角	5
		俯仰角	−3
		航向角	−115
初始速度	m/s	北向速度	0
		东向速度	0
		地向速度	0
初始位置	(°)	纬度	23
		经度	113
	m	高度	9.5

初始对准结果如图 3.4~图 3.9 所示,采用重力水平扰动速度补偿前后,初始对准误差统计结果如表 3.3 所列。采用重力水平扰动姿态补偿前后,初始对准误差统计结果如表 3.4 所列。

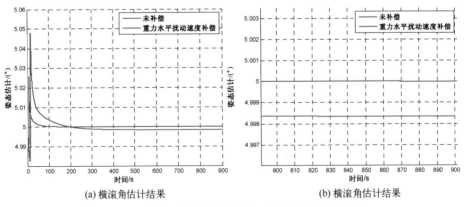

(a) 横滚角估计结果　　　　　　(b) 横滚角估计结果

图 3.4 重力水平扰动速度补偿—横滚角估计结果对比

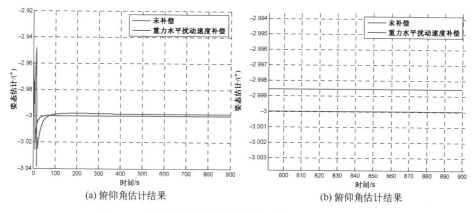

(a) 俯仰角估计结果　　　　　(b) 俯仰角估计结果

图 3.5　重力水平扰动速度补偿—俯仰角估计结果对比

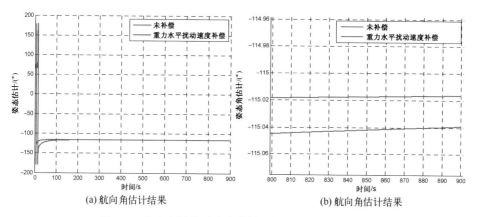

(a) 航向角估计结果　　　　　(b) 航向角估计结果

图 3.6　重力水平扰动速度补偿—航向角估计结果对比

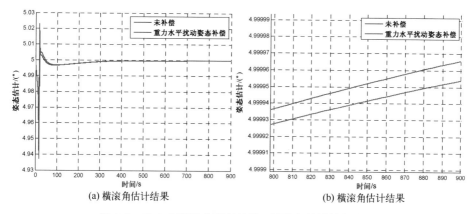

(a) 横滚角估计结果　　　　　(b) 横滚角估计结果

图 3.7　重力水平扰动姿态补偿—横滚角估计结果对比

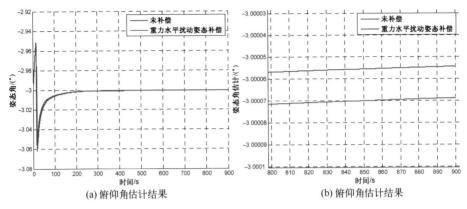

(a) 俯仰角估计结果　　　　　　　　　(b) 俯仰角估计结果

图 3.8　　重力水平扰动姿态补偿—俯仰角估计结果对比

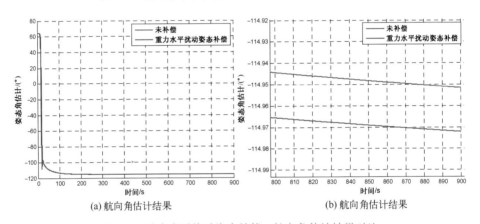

(a) 航向角估计结果　　　　　　　　　(b) 航向角估计结果

图 3.9　　重力水平扰动姿态补偿—航向角估计结果对比

表 3.3　　重力水平扰动速度补偿前后,初始对准误差统计

欧拉角	真值/(°)	未补偿		速度更新重力水平扰动补偿	
		估计结果/(°)	估计误差/(°)	估计结果/(°)	估计误差/(°)
Roll	5	4.99834	−0.00166	5.00002	0.00002
Pitch	−3	−2.99853	0.00147	−2.99999	0.00001
Yaw	−115	−115.03915	−0.03915	−115.01628	−0.01628

表 3.4　　重力水平扰动姿态补偿前后,初始对准误差统计

欧拉角	真值/(°)	未补偿		姿态更新重力水平扰动补偿	
		估计结果/(°)	估计误差/(°)	估计结果/(°)	估计误差/(°)
Roll	5	4.99979	−0.00021	4.99981	−0.00019

（续）

欧拉角	真值/(°)	未补偿		姿态更新重力水平扰动补偿	
		估计结果/(°)	估计误差/(°)	估计结果/(°)	估计误差/(°)
Pitch	−3	−3.00009	−0.00009	−3.00002	−0.00002
Yaw	−115	−114.95142	0.04858	−114.97197	0.02803

由表 3.3 可以看到,当 n 系作为导航坐标系时,通过重力水平扰动速度补偿,横滚角估计精度提升 5.90″,俯仰角估计精度提升 5.26″,航向角估计精度提升 82.33″。由表 3.4 可以看到,当 n' 系作为导航坐标系时,通过重力水平扰动姿态补偿,横滚角估计精度提升 0.072″,俯仰角估计精度提升 0.25″,航向角估计精度提升 73.98″。

3.5　重力水平扰动补偿方法海试验证

3.5.1　试验条件

3.5.1.1　船载惯性导航试验系统

本节将通过海试数据对本章提出的两种垂线偏差补偿算法进行验证。船载试验系统如图 3.10 所示,该系统为国防科技大学研制的捷联式重力仪 SGA-WZ02,通过不同的数据处理方法,捷联式重力仪即可用于重力测量,也能实现高精度惯性导航。

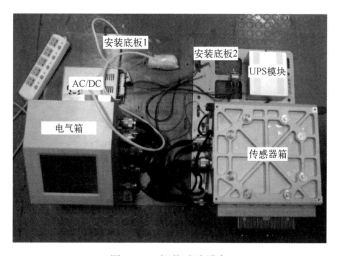

图 3.10　船载试验设备

SGA-WZ02 系统包括传感器箱、电气箱、UPS 模块、AC/DC 转换模块、GNSS 天线和安装底板。传感器箱内含三只高精度激光陀螺、三只高精度石英挠性加速度计和一台 GNSS 接收机,传感器箱内部还包括磁屏蔽层、温度控制装置和减振装置以保证惯性传感器的良好工作环境。

SGA-WZ02 所使用的激光陀螺的零偏不稳定性为 0.003°/h,加速度计输出漂移为 0.59ug/天且具有较好的线性度,GNSS 接收机由加拿大 Novatel® 公司生产,其静态单点定位误差小于 3m。

电气箱内部主要包括电源模块组、GNSS 接收机和计算机板。电源模块组将系统输入电压稳压、滤波后转换为不同幅值的直流电压,以满足不同元器件的需求。GNSS 接收机通过安装在试验船桅杆上的 GNSS 天线头接收信号,记录试验船的位置和速度。计算机板记录惯性传感器输出数据,并完成惯性传感器数据与 GNSS 数据间的时间同步。AC/DC 模块将试验船提供的 220V 交流电转换为直流电以供系统工作,UPS 模块保证了由岸电切换为船电过程中系统不断电。

3.5.1.2 船载试验位置基准

通过精密单点定位方法处理接收机数据获得了该次试验中惯导系统的精确位置信息,根据 GNSS 数据处理软件给出的 PDOP 值等指标,表明该次试验中 GNSS 位置精度优于 10m。相对于长航时惯性导航误差,GNSS 的位置足够精确,将 GNSS 位置作为位置基准,以计算惯性导航的位置误差和评估重力水平扰动补偿效果。

3.5.1.3 重力水平扰动数据计算

通过 EGM2008 模型得到重力水平扰动数据,计算时有几点需要注意:

(1) EGM2008 模型的输入是计算点的经纬高,根据本次试验具体情况,计算时将高度设置为零。在重力补偿应用背景下,计算点的经度和纬度应该由 INS 提供,为了验证补偿算法本身的精度,避免重力水平扰动数据计算误差的影响,使用 GNSS 提供的高精度经纬度计算重力水平扰动。

(2) 球谐模型的计算阶次是影响重力水平扰动计算结果的重要因素,一般情况下,使用的计算阶次越高则得到的重力水平扰动数据的精度和分辨率就越高,但是针对重力补偿,是否存在一个更为合理的计算阶次,将在本书第 5 章进行分析,本节使用 EGM2008 模型的最高阶次计算重力水平扰动。

(3) 重力水平扰动的计算时间间隔也是影响补偿效果的重要因素。如图 3.11 所示,实线为真实的重力水平扰动,虚线为重力水平扰动计算值,阴影部分为量化误差,当计算间隔过大时,将产生较大的量化误差并对补偿效果产生影响;但计算间隔太小又会导致较大的计算量,考虑到试验船的航速为 10m,结合试验区重力水平扰动的变化情况,将重力水平扰动计算时间间隔设置为 100s。

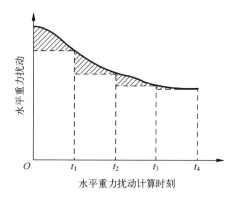

图 3.11　重力水平扰动计算值量化误差

试验数据时长为 24h,试验船首先在码头系泊 5h,而后航行 19h,试验船的航行轨迹如图 3.12 所示。

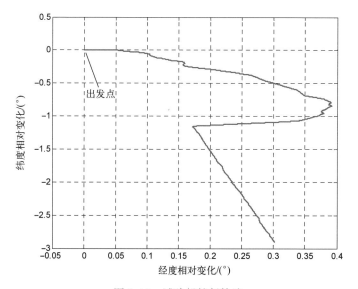

图 3.12　试验船航行轨迹

使用 GNSS 位置信息,通过 EGM2008 计算重力水平扰动,航线上的重力水平扰动计算结果如图 3.13 所示。

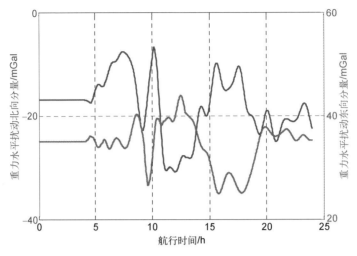

图 3.13　航线上的重力水平扰动计算结果

▶ 3.5.2　重力水平扰动补偿试验结果

3.5.2.1　重力水平扰动补偿前惯性导航试验结果

首先,在不补偿重力水平扰动的情况下进行了惯性导航数据处理,惯性导航轨迹与 GNSS 轨迹对比如图 3.14 所示。

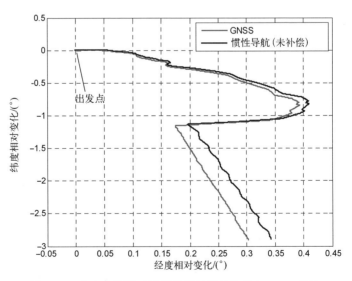

图 3.14　重力水平扰动补偿前惯性导航轨迹与 GNSS 轨迹

　　由图 3.15 和图 3.16 可以明显地看到惯导系统误差的舒勒周期与 24h 周期,在该纬度下傅科周期约为 61.5h。重力水平扰动补偿前,惯导系统误差在 24h 内小于 3n mile,说明该 INS 属于高精度等级,重力水平扰动是其主要误差源之一,补偿重力水平扰动后应有一定的精度提升。

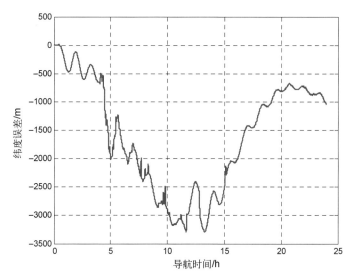

图 3.15　重力水平扰动补偿前惯性导航纬度误差

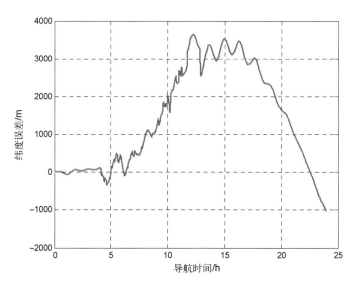

图 3.16　重力水平扰动补偿前惯性导航经度误差

需要说明的是,重力水平扰动补偿仅能够在一定程度上补偿重力所引起的惯性导航误差,由初始误差和惯性器件零偏等造成的误差不能够通过重力水平扰动补偿消除,换言之,进行重力水平扰动补偿后,只能够减弱惯导误差的振荡幅度、抑制发散趋势,并不能够消除惯性导航误差固有的周期性振荡。

3.5.2.2 重力水平扰动补偿后惯性导航试验结果

本小节将对三种惯性导航结果进行比较,分别是:

(1) 第一类惯性导航结果,记为 Type Ⅰ,不进行重力水平扰动补偿。

(2) 第二类惯性导航结果,记为 Type Ⅱ,使用重力水平扰动速度补偿。

(3) 第三类惯性导航结果,记为 Type Ⅲ,使用重力水平扰动姿态补偿。

三种导航的纬度误差对比如图 3.17 所示,经度误差对比如图 3.18 所示,位置误差对比如图 3.19 所示。由图 3.17~图 3.19 可知,本章所提出的两种补偿算法均能够在一定程度上减弱惯性导航误差振荡。

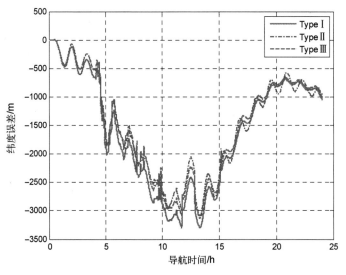

图 3.17　纬度误差对比

3.5.3 重力水平扰动补偿效果与对比

为了更加清晰、定量地评估补偿后惯性导航精度的提升,同时对比两种算法的补偿效果,用未补偿时的导航误差减去补偿后的导航误差,得到补偿后的导航精度提升。纬度精度提升效果如图 3.20 所示,经度精度提升效果如图 3.21 所示,位置精度提升效果如图 3.22 所示。

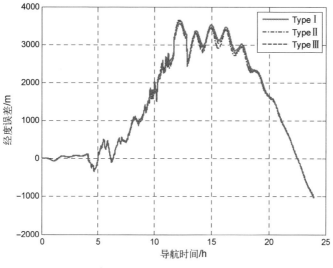

图 3.18　经度误差对比

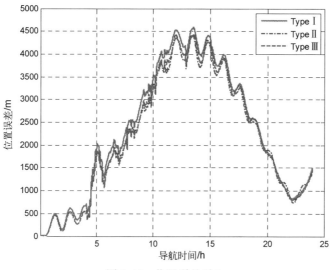

图 3.19　位置误差对比

从图 3.20~图 3.22 可以看到,补偿重力水平扰动后,在第 5~20h 惯性导航精度有明显的提升,其原因在于:

从图 3.13 中看到,在第 5~20h,惯导系统所感受到的重力水平扰动有较大的变化且幅值也较大,即是说在这段时间内重力水平扰动给惯导系统造成了较大的影响,因此通过补偿能够较为明显地提升精度。在最后 4h,重力水平扰动变化非常缓慢且幅值也相对较小,因此补偿后定位精度的提升效果也相应地减小。

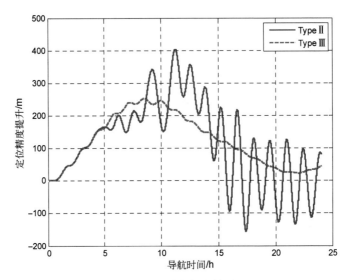

图 3.20　纬度精度提升效果对比

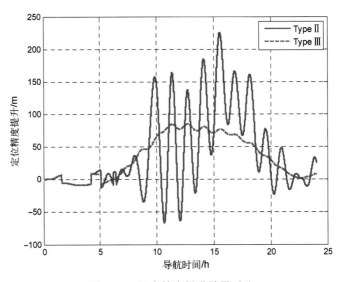

图 3.21　经度精度提升效果对比

使用重力水平扰动速度补偿后,位置误差最大值减小约 405m,为补偿前定位误差最大值的 10.07%。使用重力水平扰动姿态补偿后,位置误差最大值减小约 250m,为补偿前定位误差最大值的 9.77%。

比较两种补偿算法对惯导系统精度提升效果可以看到:使用重力水平扰动速度补偿后,定位精度的提升中包含振荡,振荡的周期恰好是惯导系统的舒勒

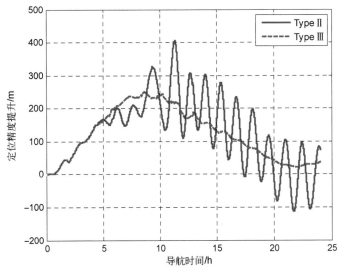

图 3.22　位置精度提升效果对比

周期,产生这个振荡的原因在于:使用 EGM2008 模型计算的重力水平扰动数据存在误差。实际上,使用重力水平扰动姿态补偿后,定位精度的提升效果也包含一个舒勒周期振荡,只是其振荡幅值相对较小。

　　造成两种补偿算法提升效果振荡幅度不一致的原因在于,重力水平扰动数据误差分别通过速度计算和姿态计算进入惯导舒勒误差回路,由于速度计算和姿态计算的不同误差特性,因此造成了振荡幅度上存在差异。

3.6　本 章 小 结

　　本章从矢量计算法则和坐标系角度,研究了重力水平扰动影响惯性导航误差机理,研究结论表明重力水平扰动影响惯性导航的原因在于:

　　(1) 初始对准中建立的导航坐标系,与建立导航解算方程所假设的导航坐标系不一致。

　　(2) 参与导航解算的矢量不是同一坐标系下的投影。

　　基于上述误差机理分析结论,明确了重力水平扰动补偿的关键,针对两种导航坐标系,提出了重力水平扰动速度补偿方法和重力水平扰动姿态补偿方法,并通过仿真与海试试验数据进行了验证,证明了所提出的两种补偿算法的有效性,为后续章节研究重力补偿的工程应用问题奠定基础。

第4章 加速度计零偏对重力补偿的影响与零偏估计方法

基于惯性器件无误差的理想条件,第3章中提出了两种重力水平扰动补偿算法。为了保证重力水平扰动在工程实践中能够稳定地、有效地提升 INS 精度,有必要研究惯性器件误差的影响,特别是加速度计零偏对重力补偿效果的影响。

4.1 加速度计零偏对重力水平扰动补偿的影响

第3章从坐标系定义和矢量计算的角度分析了重力水平扰动引起惯性导航误差机理,为了简化分析、突出重力水平扰动影响,第3章的分析中假设惯性传感器是理想的,忽略了惯性传感器误差的影响,特别是加速度计零偏的影响。但是,实际系统中的加速度计零偏始终存在,有必要分析加速度计零偏对重力水平扰动补偿的影响。

在分析重力水平扰动影响时,应考虑初始对准姿态误差同时受到加速度计零偏与重力水平扰动的影响,Honeywell 公司的高级技术专家 Hanson 在 1988 年发表的文献中指出了这一耦合效应的存在[21]。

加速度计零偏对重力补偿造成影响的原因,在于 INS 的自对准中,加速度计、重力水平扰动和水平姿态误差将达到一种平衡,文献[21]将其称为 Keller's Rule。实际上,第3章的分析中已经运用到了 Keller's Rule,本章将分析考虑加速度计零偏时的情况。

▶ 4.1.1 加速度计零偏与重力水平扰动的耦合

这里选择 n 系作为导航坐标系,n 系下理想的、无误差的惯性导航速度解算方程为

$$\dot{v}_e^n = C_b^n f^b - (2\omega_{ie}^n + \omega_{en}^n) \times v_e^n + g^n \tag{4.1}$$

式中:g^n 为载体位置处的真实重力矢量在 n 系下的投影。

当加速度计存在零偏且未补偿重力水平扰动时,实际的惯性导航速度解算

方程为

$$\widetilde{\dot{v}}_e^n = \widetilde{C}_b^n f^b - (2\,\widetilde{\omega}_{ie}^n + \widetilde{\omega}_{en}^n) \times \widetilde{v}_e^n + \gamma^n + b_a^n + \delta f^b \tag{4.2}$$

用式(4.2)减去式(4.1)后得到速度误差微分方程

$$\delta v_e^n = \widetilde{v}_e^n - v_e^n = \begin{bmatrix} \delta v_N & \delta v_U & \delta v_E \end{bmatrix}^T \tag{4.3}$$

$$\delta \dot{v}_e^n = [f^n \times] \delta \varphi + \delta f^n - \Delta g^n + b_a^n \tag{4.4}$$

$$b_a^n = \begin{bmatrix} b_{a,N}^n & b_{a,U}^n & b_{a,E}^n \end{bmatrix}^T \tag{4.5}$$

使用卡尔曼滤波器进行自对准时,以速度误差为观测量,当速度误差为零时滤波器收敛,令式(4.5)等于零,得到由于加速度计零偏和重力水平扰动所引起的姿态误差:

$$\delta \gamma \approx \frac{1}{\gamma}(\Delta g_E^n + b_{a,E}^n) \tag{4.6}$$

$$\delta \theta \approx \frac{1}{\gamma}(-\Delta g_N^n + b_{a,N}^n) \tag{4.7}$$

4.1.2　补偿加速度计零偏必要性分析

由式(4.6)和式(4.7)可知,重力水平扰动和加速度计零偏共同决定了初始对准的水平姿态误差。当加速度计零偏远大于重力水平扰动时,则补偿重力水平扰动并不能明显地提升惯性导航精度,因为加速度计零偏是主要的误差源。当加速度计零偏远小于重力水平扰动时,重力水平扰动是主要的误差源,使用重力补偿将改善惯性导航精度。

当加速度计零偏与重力水平扰动处于同一量级时,加速度计零偏将对重力补偿效果造成明显影响,例如式(4.7)中,当北向加速度计零偏与北向重力水平扰动的数值和符号均相同时,重力水平扰动与加速度计零偏恰好相互抵消,若在初始对准中补偿了重力水平扰动,则将引入新的初始对准误差,使初始对准建立的导航坐标系偏离 n 系。

同时,在导航解算中也存在加速度计零偏与重力水平扰动耦合的问题,如式(4.4)所示,当加速度计零偏矢量 b_a^n 与重力水平扰动矢量 Δg^n 恰好相等时,两者相抵消而不会产生惯性导航速度误差。若此时在导航解算中对重力水平扰动进行了补偿,则将引入新的速度误差,对惯性导航精度造成不利的影响。

通过上述分析可以看到,即便准确地掌握了载体运动轨迹上的重力水平扰动,加速度计零偏的存在也可能对补偿效果产生显著的影响,因此准确地估计加速度计零偏是保证重力水平扰动补偿效果的前提。

4.2 基于重力矢量测量的加速度计零偏估计算法

4.1 节分析指出加速度计零偏与重力水平扰动的耦合将影响重力补偿效果。如果能够先估计、补偿加速度计零偏,再进行重力水平扰动补偿,将显著地提升重力补偿效果。

加速度计零偏估计是惯性导航技术领域的经典问题,常见方法是将加速度计零偏作为 INS/GNSS 组合导航滤波器的状态量进行估计。但是,这种方法的估计精度受到两个因素的影响:

(1) 水平加速度计零偏可观性弱[8, 9],需进行机动才能得到收敛的估计值。

(2) 估计值是加速度计零偏与重力水平扰动的组合。

第一个因素是原理性的,是使用 INS/GNSS 组合导航估计加速度计零偏方法的固有缺陷。第二个因素可以通过对重力水平扰动建模来解决,将重力水平扰动作为滤波器的状态并建模为马尔科夫过程,从而实现加速度计零偏与重力水平扰动的分离,但要求对重力水平扰动精确模型。

捷联式重力矢量仪既可以测量重力扰动矢量,同时也是一台高精度 INS,对惯性传感器数据的处理算法决定了是实现重力扰动矢量测量还是进行惯性导航。下面将从捷联式重力矢量测量的角度,探索一种新的加速度计零偏估计方法。

▶ 4.2.1 加速度计零偏估计算法设计

捷联式重力矢量测量是在有 GNSS 的条件下进行,捷联式重力仪测量重力扰动矢量的原理是基于惯性导航比力方程

$$\Delta \boldsymbol{g}^n + \boldsymbol{w} = \dot{\boldsymbol{v}}_e^n - \boldsymbol{C}_b^n \boldsymbol{f}^b + (2\boldsymbol{\omega}_{ie}^n + \boldsymbol{\omega}_{en}^n) \times \boldsymbol{v}_e^n - \boldsymbol{\gamma}^n \qquad (4.8)$$

式中:$\Delta \boldsymbol{g}^n$ 为重力扰动矢量(与第 2 章、第 3 章符号有所区别);$\boldsymbol{w}$ 为重力水平扰动测量噪声项;载体加速度 $\dot{\boldsymbol{v}}_e^n$ 可由 GNSS 提供的速度信息差分得到;$\boldsymbol{C}_b^n \boldsymbol{f}^b$ 为比力在导航系 n 下的投影,通过陀螺和加速度计输出计算得到;$(2\boldsymbol{\omega}_{ie}^n + \boldsymbol{\omega}_{en}^n) \times \boldsymbol{v}_e^n$ 为离心力与哥氏加速度之和,可由 GNSS 提供的速度和位置信息代入式(2.14)和式(2.15)得到;$\boldsymbol{\gamma}^n$ 为正常重力,可由 GNSS 提供的位置信息代入正常重力模型得到。

重力水平扰动测量值为

$$\Delta \boldsymbol{g}_{N,E}^n = \begin{bmatrix} \Delta g_N^n & \Delta g_E^n \end{bmatrix}^T \quad \boldsymbol{w} = \begin{bmatrix} w_N & w_E \end{bmatrix}^T \qquad (4.9)$$

$$\Delta \widetilde{\boldsymbol{g}}_{N,E}^n = \Delta \boldsymbol{g}_{N,E}^n + \boldsymbol{w} \qquad (4.10)$$

式中：$\Delta\widetilde{\boldsymbol{g}}_{N,E}^{n}$ 为重力水平扰动矢量测量值；$\Delta\boldsymbol{g}_{N,E}^{n}$ 为重力水平扰动真实值；$\boldsymbol{w}$ 为测量噪声。

当存在加速度计零偏时，重力扰动矢量测量方程变为

$$\Delta\boldsymbol{g}^{n}+\boldsymbol{w}+\boldsymbol{b}_{a}^{n}=\dot{\boldsymbol{v}}_{e}^{n}-\boldsymbol{C}_{b}^{n}\boldsymbol{f}^{b}+(2\boldsymbol{\omega}_{ie}^{n}+\boldsymbol{\omega}_{en}^{n})\times\boldsymbol{v}_{e}^{n}-\boldsymbol{\gamma}^{n} \tag{4.11}$$

$$\Delta\widetilde{\boldsymbol{g}}_{N,E}^{n}=\Delta\boldsymbol{g}_{N,E}^{n}+\boldsymbol{w}+\begin{bmatrix} b_{a,N}^{n} & b_{a,E}^{n} \end{bmatrix}^{T} \tag{4.12}$$

式中：$\Delta\widetilde{\boldsymbol{g}}_{N,E}^{n}$ 为存在加速度计零偏时的重力水平扰动测量值。

重力矢量水平分量测量误差变为

$$\delta\boldsymbol{g}_{N,E}^{n}=\begin{bmatrix} \delta g_{N}^{n} \\ \delta g_{E}^{n} \end{bmatrix}=\begin{bmatrix} b_{a,N}^{n} \\ b_{a,E}^{n} \end{bmatrix}+\begin{bmatrix} w_{N} \\ w_{E} \end{bmatrix} \tag{4.13}$$

式中：δg_{N}^{n} 和 δg_{E}^{n} 分别为重力水平扰动北向分量和东向分量的测量误差，可以看到重力水平扰动的测量误差由加速度计零偏和测量噪声构成。所述测量噪声是指加速度计零偏以外的其他误差的综合表现，包括惯性传感器的测量噪声和 GNSS 测量载体加速度的噪声。

本节的背景是重力水平扰动补偿，因此可以认为重力水平扰动的真实值 $\Delta\boldsymbol{g}_{N,E}^{n}$ 是已知的，因此将测量值减去重力水平扰动真实值后可以得到测量误差。

事实上，根据式(4.13)，对重力水平扰动测量误差求平均后可以得到对加速度计零偏的估计

$$\hat{b}_{a,N}^{n}=\frac{1}{N}\sum_{i=1}^{N}\begin{bmatrix} \delta g_{N}^{n}(i) \end{bmatrix} \quad \hat{b}_{a,E}^{n}=\frac{1}{N}\sum_{i=1}^{N}\begin{bmatrix} \delta g_{E}^{n}(i) \end{bmatrix} \tag{4.14}$$

如果测量噪声是零均值的，则 $\hat{b}_{a,N}^{n}$ 和 $\hat{b}_{a,E}^{n}$ 将是加速度计零偏的精确估计。但是，实际的测量噪声一般不是零均值的，因此式(4.14)不是加速度计零偏的无偏估计。如果测量噪声不是零均值的，是否有可能得到加速度计零偏的无偏估计？

理论上，如果加速度计零偏为系统偏差(随机值)加白噪声，得到无偏估计是可能的。因为加速度计零偏是器件的固有误差，因此加速度计零偏与重力场的变化是无关的，而测量噪声在测量误差中所占的比重可能与重力场的变化是相关的，即重力场变化剧烈的区域，测量噪声在重力水平扰动测量误差中所占的比重会更高一些，这一猜想将通过 4.2.2 节推导的捷联式重力矢量测量噪声模型加以验证。

4.2.2　捷联式重力矢量测量噪声模型

由 3.2 节与 3.3 节知，n 系和 n' 系间的关系可由重力水平扰动计算得到

$$\xi = -\Delta g_N^n / \gamma \quad \eta = -\Delta g_E^n / \gamma \tag{4.15}$$

$$\boldsymbol{u} = \begin{bmatrix} u_x & u_y & 0 \end{bmatrix} = \begin{bmatrix} -\eta / \sqrt{\xi^2 + \eta^2} & \xi / \sqrt{\xi^2 + \eta^2} & 0 \end{bmatrix}^T \tag{4.16}$$

$$\vartheta = \arccos\left(1 / \sqrt{1 + \xi^2 + \eta^2} \right) \tag{4.17}$$

$$\boldsymbol{Q} = \begin{bmatrix} q_0 & q_1 & q_2 & 0 \end{bmatrix} = \begin{bmatrix} \cos(\vartheta/2) & u_x \cdot \cos(\vartheta/2) & u_y \cdot \cos(\vartheta/2) & 0 \end{bmatrix} \tag{4.18}$$

$$\boldsymbol{C}_{n'}^n = \begin{bmatrix} q_0^2 + q_1^2 - q_2^2 & 2(q_1 \cdot q_2) & 2(q_0 \cdot q_2) \\ 2(q_1 \cdot q_2) & q_0^2 - q_1^2 + q_2^2 & 2(-q_0 \cdot q_1) \\ -2(q_0 \cdot q_2) & 2(q_0 \cdot q_1) & q_0^2 - q_1^2 - q_2^2 \end{bmatrix} \tag{4.19}$$

$\boldsymbol{C}_{n'}^n$ 是以重力水平扰动为自变量的函数,$F(\cdot)$ 表示由重力水平扰动到 $C_{n'}^n$ 的非线性函数关系:

$$\boldsymbol{C}_{n'}^n = F(\Delta g_N^n, \Delta g_E^n) \tag{4.20}$$

当重力水平扰动测量值仅受测量噪声影响时,将重力水平扰动测量值代入式(4.20),得到

$$F(\Delta g_N^n + w_N, \Delta g_E^n + w_E) = \widetilde{\boldsymbol{C}}_{n'}^n = (\boldsymbol{C}_{n'}^n + \delta \boldsymbol{C}_{n'}^n) \tag{4.21}$$

$$\begin{bmatrix} \Delta g_N^n + w_N \\ \Delta g_E^n + w_E \\ \gamma \end{bmatrix} \approx \widetilde{\boldsymbol{C}}_{n'}^n \begin{bmatrix} 0 \\ 0 \\ \gamma \end{bmatrix} = (\boldsymbol{C}_{n'}^n + \delta \boldsymbol{C}_{n'}^n) \begin{bmatrix} 0 \\ 0 \\ \gamma \end{bmatrix} = \boldsymbol{C}_{n'}^n \begin{bmatrix} 0 \\ 0 \\ \gamma \end{bmatrix} + \delta \boldsymbol{C}_{n'}^n \begin{bmatrix} 0 \\ 0 \\ \gamma \end{bmatrix} \tag{4.22}$$

即得到了重力水平扰动测量噪声的表达式

$$\begin{bmatrix} w_N \\ w_E \\ 0 \end{bmatrix} = \delta \boldsymbol{C}_{n'}^n \begin{bmatrix} 0 \\ 0 \\ \gamma \end{bmatrix} \tag{4.23}$$

假设 $\delta \boldsymbol{C}_{n'}^n$ 的形式如下:

$$\delta \boldsymbol{C}_{n'}^n = \begin{bmatrix} \delta c_{11} & \delta c_{12} & \delta c_{13} \\ \delta c_{21} & \delta c_{22} & \delta c_{23} \\ \delta c_{31} & \delta c_{32} & \delta c_{33} \end{bmatrix} \tag{4.24}$$

将式(4.24)代入式(4.23),得到重力水平扰动测量噪声模型

$$\begin{cases} w_N = \delta c_{13} \cdot (\gamma) \\ w_E = \delta c_{23} \cdot (\gamma) \end{cases} \tag{4.25}$$

将式(4.25)代入式(4.13),得到新的重力水平扰动测量误差模型

$$\begin{bmatrix} \delta g_N^n \\ \delta g_E^n \end{bmatrix} = \begin{bmatrix} b_{a,N}^n + \delta c_{13} \cdot (\gamma) \\ b_{a,E}^n + \delta c_{23} \cdot (\gamma) \end{bmatrix} \tag{4.26}$$

式(4.26)是含有加速度计零偏的测量方程,这是估计加速度计零偏的关键。

4.2.3　重力矢量测量噪声模型参数

接下来推导测量方程中参数 δc_{13} 和 δc_{23} 的表达式。重力水平扰动测量值包含测量噪声时,将其代入式(4.15)~式(4.18)计算得到的四元数也将包含误差,假设为

$$\tilde{q}_0 = q_0 + \delta q_0 \quad \tilde{q}_1 = q_1 + \delta q_1 \quad \tilde{q}_2 = q_2 + \delta q_2 \tag{4.27}$$

式中:δq_0、δq_1 和 δq_2 为测量噪声所引起的四元数计算误差。

将式(4.27)代入式(4.19)后,得到

$$\delta C_{n'}^{n} = \begin{bmatrix} 2(q_0\delta q_0 + q_1\delta q_1 - q_2\delta q_2) & 2(q_1\delta q_2 + \delta q_1 q_2) & 2(q_0\delta q_2 + \delta q_0 q_2) \\ 2(q_1\delta q_2 + \delta q_1 q_2) & 2(q_0\delta q_0 - q_1\delta q_1 + q_2\delta q_2) & -2(q_0\delta q_1 + \delta q_0 q_1) \\ -2(q_0\delta q_2 + \delta q_0 q_2) & 2(q_0\delta q_1 + \delta q_0 q_1) & 2(q_0\delta q_0 - q_1\delta q_1 - q_2\delta q_2) \end{bmatrix} \tag{4.28}$$

$$\delta c_{13} = 2(q_0\delta q_2 + \delta q_0 q_2) \quad \delta c_{23} = -2(q_0\delta q_1 + \delta q_0 q_1) \tag{4.29}$$

代入式(4.26)后,得到新的测量方程为

$$\begin{bmatrix} \delta g_N^n \\ \delta g_E^n \end{bmatrix} = \begin{bmatrix} b_{a,N}^n + [2(q_0\delta q_2 + \delta q_0 q_2)] \cdot (\gamma) \\ b_{a,E}^n - [2(q_0\delta q_1 + \delta q_0 q_1)] \cdot (\gamma) \end{bmatrix} \tag{4.30}$$

接下来,进一步求解 $\delta q_{i=0,1,3}$,为简化推导过程,定义如下函数:

$$f(\xi, \eta) = 1/\sqrt{1 + \eta^2 + \xi^2} \tag{4.31}$$

$$g(\xi, \eta) = \arccos(f(\xi, \eta)) = \arccos(1/\sqrt{1 + \eta^2 + \xi^2}) \tag{4.32}$$

则 q_0、q_1 和 q_2 可以表示为

$$q_0(\xi, \eta) = \cos\left(\frac{1}{2}g(f)\right) \tag{4.33}$$

$$q_1(\xi, \eta) = \sin(g(f)/2) \cdot (-\eta/\sqrt{\xi^2 + \eta^2}) \tag{4.34}$$

$$q_2(\xi, \eta) = \sin(g(f)/2) \cdot (\xi/\sqrt{\xi^2 + \eta^2}) \tag{4.35}$$

接下来求解 δq_0、δq_1 和 δq_2,根据变分原理有

$$\delta q_0(\xi, \eta) = \left(\frac{\partial q_0}{\partial \xi}\right)\delta\xi + \left(\frac{\partial q_0}{\partial \eta}\right)\delta\eta \tag{4.36}$$

$$\delta q_1(\xi, \eta) = \left(\frac{\partial q_1}{\partial \xi}\right)\delta\xi + \left(\frac{\partial q_1}{\partial \eta}\right)\delta\eta \tag{4.37}$$

$$\delta q_2(\xi, \eta) = \left(\frac{\partial q_2}{\partial \xi}\right)\delta\xi + \left(\frac{\partial q_2}{\partial \eta}\right)\delta\eta \tag{4.38}$$

4.2.3.1 δq_0 表达式推导

$$\frac{\partial q_0}{\partial \xi} = -\frac{1}{2}\sin\left(\frac{1}{2}g(f)\right)\left(\frac{1}{\sqrt{1-f^2}}\right)(1+\eta^2+\xi^2)^{-3/2}\xi \tag{4.39}$$

$$1-f^2 = 1-\frac{1}{1+\eta^2+\xi^2} = \frac{1+\eta^2+\xi^2-1}{1+\eta^2+\xi^2} = \frac{\eta^2+\xi^2}{1+\eta^2+\xi^2} \tag{4.40}$$

将式(4.40)代入式(4.39)得到

$$\frac{\partial q_0}{\partial \xi} = \left(-\frac{1}{2}\right)\sin\left(\frac{1}{2}\arccos\left(\frac{1}{\sqrt{1+\eta^2+\xi^2}}\right)\right)\left(\frac{\xi}{(1+\eta^2+\xi^2)\sqrt{\eta^2+\xi^2}}\right) \tag{4.41}$$

同理可得到

$$\frac{\partial q_0}{\partial \eta} = \left(-\frac{1}{2}\right)\sin\left(\frac{1}{2}\arccos\left(\frac{1}{\sqrt{1+\eta^2+\xi^2}}\right)\right)\left(\frac{\eta}{(1+\eta^2+\xi^2)\sqrt{\eta^2+\xi^2}}\right) \tag{4.42}$$

将式(4.41)和式(4.42)代入式(4.36),得到δq_0的解析表达式

$$\delta q_0 = \left(-\frac{1}{2}\right)\sin\left(\frac{g(f)}{2}\right)\left(\frac{\xi\delta\xi+\eta\delta\eta}{(1+\eta^2+\xi^2)\sqrt{\eta^2+\xi^2}}\right) \tag{4.43}$$

4.2.3.2 δq_1 表达式推导

首先求解 q_1 相对于垂线偏差南北向分量 ξ 的偏导数

$$\frac{\partial q_1}{\partial \xi} = \left[\frac{\partial}{\partial \xi}\sin\left(\frac{g(f)}{2}\right)\right] \cdot \left(\frac{-\eta}{\sqrt{\xi^2+\eta^2}}\right) + \sin\left(\frac{g(f)}{2}\right) \cdot \left[\frac{\partial}{\partial \xi}\left(\frac{-\eta}{\sqrt{\xi^2+\eta^2}}\right)\right] \tag{4.44}$$

其中

$$\left[\frac{\partial}{\partial \xi}\sin(g(f)/2)\right] = \frac{1}{2} \cdot \cos(g(f)/2) \cdot \left(\frac{1}{\sqrt{1-f^2}}\right)((1+\eta^2+\xi^2)^{-3/2} \cdot \xi) \tag{4.45}$$

因为

$$1-f^2 = \frac{\eta^2+\xi^2}{1+\eta^2+\xi^2}, \left(\frac{1}{\sqrt{1-f^2}}\right) = \frac{\sqrt{1+\eta^2+\xi^2}}{\sqrt{\eta^2+\xi^2}}$$

代入式(4.45)得到

$$\left[\frac{\partial}{\partial \xi}\sin(g(f)/2)\right] = \frac{\cos(g(f)/2) \cdot \xi}{2(1+\eta^2+\xi^2) \cdot \sqrt{\eta^2+\xi^2}} \tag{4.46}$$

于是可以得到式(4.44)中的第一项为

$$\left[\frac{\partial}{\partial \xi}\sin(g(f)/2)\right] \cdot (-\eta/\sqrt{\xi^2+\eta^2}) = \frac{-\cos(g(f)/2) \cdot (\xi \cdot \eta)}{2(1+\eta^2+\xi^2) \cdot (\eta^2+\xi^2)} \tag{4.47}$$

式(4.44)中的第二项为

$$\sin(g(f)/2) \cdot \left[\frac{\partial}{\partial \xi}(-\eta/\sqrt{\xi^2+\eta^2})\right] = \frac{\sin(g(f)/2) \cdot (\xi \cdot \eta)}{(\xi^2+\eta^2)^{3/2}} \tag{4.48}$$

将式(4.47)和式(4.48)相加后得到

$$\frac{\partial q_1}{\partial \xi} = \frac{(\xi \cdot \eta)}{(\eta^2 + \xi^2)} \left[\frac{-\cos(g(f)/2)}{2(1 + \eta^2 + \xi^2)} + \frac{\sin(g(f)/2)}{\sqrt{\xi^2 + \eta^2}} \right] \tag{4.49}$$

接下来求解 q_1 相对于垂线偏差东西向分量 η 的偏导数

$$\frac{\partial q_1}{\partial \eta} = \left[\frac{\partial}{\partial \eta} \sin(g(f)/2) \right] \cdot (-\eta/\sqrt{\xi^2 + \eta^2}) + \sin(g(f)/2) \cdot \left[\frac{\partial}{\partial \eta} (-\eta/\sqrt{\xi^2 + \eta^2}) \right]$$

$$\tag{4.50}$$

求解式(4.50)第一项中的偏导数

$$\left[\frac{\partial}{\partial \eta} \sin(g(f)/2) \right] = \frac{\cos(g(f)/2) \cdot \eta}{2(1 + \xi^2 + \eta^2)\sqrt{\xi^2 + \eta^2}} \tag{4.51}$$

于是可以得到式(4.50)中的第一项为

$$\left[\frac{\partial}{\partial \eta} \sin(g(f)/2) \right] \cdot (-\eta/\sqrt{\xi^2 + \eta^2}) = \frac{-\cos(g(f)/2) \cdot \eta^2}{2(1 + \xi^2 + \eta^2)(\xi^2 + \eta^2)} \tag{4.52}$$

接下来,求解式(4.50)中的第二项

$$\sin(g(f)/2) \cdot \left[\frac{\partial}{\partial \eta} \left(\frac{-\eta}{\sqrt{\xi^2 + \eta^2}} \right) \right] = \frac{\sin(g(f)/2) \cdot (-\xi^2)}{(\xi^2 + \eta^2)^{3/2}} \tag{4.53}$$

将式(4.52)和式(4.53)相加后得到

$$\frac{\partial}{\partial \eta} q_1 = -\frac{\cos(g(f)/2) \cdot \eta^2}{2(1 + \xi^2 + \eta^2)(\xi^2 + \eta^2)} - \frac{\sin(g(f)/2) \cdot (\xi^2)}{(\xi^2 + \eta^2)^{3/2}} \tag{4.54}$$

由式(4.49)式(4.54),得到 δq_1 的解析表达式

$$\delta q_1 = \left(\frac{\partial q_1}{\partial \xi} \right) \cdot \delta \xi + \left(\frac{\partial q_1}{\partial \eta} \right) \cdot \delta \eta$$

$$\frac{\partial q_1}{\partial \xi} = \frac{(\xi \cdot \eta)}{(\eta^2 + \xi^2)} \left[\frac{-\cos(g(f)/2)}{2(1 + \eta^2 + \xi^2)} + \frac{\sin(g(f)/2)}{\sqrt{\xi^2 + \eta^2}} \right] \tag{4.55}$$

$$\frac{\partial q_1}{\partial \eta} = -\frac{\cos(g(f)/2) \cdot \eta^2}{2(1 + \xi^2 + \eta^2)(\xi^2 + \eta^2)} - \frac{\sin(g(f)/2) \cdot (\xi^2)}{(\xi^2 + \eta^2)^{3/2}}$$

4.2.3.3　δq_2 表达式推导

首先求解 q_2 相对于垂线偏差南北向分量 ξ 的偏导数

$$\frac{\partial q_2}{\partial \xi} = \left[\frac{\partial}{\partial \xi} \sin(g(f)/2) \right] \cdot (\xi/\sqrt{\xi^2 + \eta^2}) + \sin(g(f)/2) \cdot \left[\frac{\partial}{\partial \xi} (\xi/\sqrt{\xi^2 + \eta^2}) \right]$$

$$\tag{4.56}$$

代入

$$\left[\frac{\partial}{\partial \xi} \sin(g(f)/2) \right] = \frac{\cos(g(f)/2) \cdot \xi}{2(1 + \eta^2 + \xi^2) \cdot \sqrt{\eta^2 + \xi^2}} \tag{4.57}$$

$$\frac{\partial}{\partial \xi}(\xi / \sqrt{\xi^2 + \eta^2}) = \frac{\eta^2}{(\xi^2 + \eta^2)^{3/2}} \tag{4.58}$$

得到

$$\frac{\partial}{\partial \xi} q_2 = \frac{\cos(g(f)/2) \cdot \xi^2}{2(1 + \eta^2 + \xi^2) \cdot (\eta^2 + \xi^2)} + \frac{\sin(g(f)) \cdot (\eta^2)}{(\xi^2 + \eta^2)^{3/2}} \tag{4.59}$$

接下来计算 q_2 相对于垂线偏差东西向分量 η 的偏导数

$$\frac{\partial q_2}{\partial \eta} = \left[\frac{\partial}{\partial \eta} \sin(g(f)/2) \right] \cdot (\xi / \sqrt{\xi^2 + \eta^2}) + \sin(g(f)/2) \cdot \left[\frac{\partial}{\partial \eta}(\xi / \sqrt{\xi^2 + \eta^2}) \right] \tag{4.60}$$

$$\left[\frac{\partial}{\partial \eta} \sin(g(f)/2) \right] = \frac{\cos(g(f)/2) \cdot \eta}{2(1 + \xi^2 + \eta^2)\sqrt{\xi^2 + \eta^2}} \tag{4.61}$$

得到式(4.60)中的第一项为

$$\left[\frac{\partial}{\partial \eta} \sin(g(f)/2) \right] \cdot (\xi / \sqrt{\xi^2 + \eta^2}) = \frac{\cos(g(f))\xi \cdot \eta}{2(1 + \xi^2 + \eta^2)(\xi^2 + \eta^2)} \tag{4.62}$$

计算式(4.60)第二项中的偏导数,得到

$$\left[\frac{\partial}{\partial \eta}(\xi / \sqrt{\xi^2 + \eta^2}) \right] = -(\xi \cdot \eta)(\xi^2 + \eta^2)^{-3/2} \tag{4.63}$$

代入后得到式(4.60)的第二项为

$$\sin(g(f)/2) \cdot \left[\frac{\partial}{\partial \eta}(\xi / \sqrt{\xi^2 + \eta^2}) \right] = -\sin(g(f)/2) \cdot (\xi \cdot \eta)(\xi^2 + \eta^2)^{-3/2} \tag{4.64}$$

代入得到

$$\frac{\partial q_2}{\partial \eta} = \frac{\cos(g(f))\xi \cdot \eta}{2(1 + \xi^2 + \eta^2)(\xi^2 + \eta^2)} - \sin(g(f)/2) \cdot (\xi \cdot \eta)(\xi^2 + \eta^2)^{-3/2} \tag{4.65}$$

于是可以得到 δq_2 的解析表达式

$$\delta q_2 = \left(\frac{\partial q_2}{\partial \xi} \right) \delta \xi + \left(\frac{\partial q_2}{\partial \eta} \right) \delta \eta \tag{4.66}$$

$$\frac{\partial q_2}{\partial \xi} = \frac{\cos(g(f)/2) \cdot \xi^2}{2(1 + \eta^2 + \xi^2) \cdot (\eta^2 + \xi^2)} + \frac{\sin(g(f)) \cdot (\eta^2)}{(\xi^2 + \eta^2)^{3/2}}$$

$$\frac{\partial q_2}{\partial \eta} = \frac{\cos(g(f)/2)\xi \cdot \eta}{2(1 + \xi^2 + \eta^2)(\xi^2 + \eta^2)} - \sin(g(f)/2) \cdot (\xi \cdot \eta)(\xi^2 + \eta^2)^{-3/2} \tag{4.67}$$

可得到

$$\delta c_{13} = 2(q_0 \delta q_2 + \delta q_0 q_2) \quad \delta c_{23} = -2(q_0 \delta q_1 + \delta q_0 q_1) \tag{4.68}$$

由前述计算结果得到

$$q_0\delta q_2 = \cos(g(f)/2)\left(\frac{\partial q_2}{\partial \xi}\right)\delta\xi + \cos(g(f)/2)\left(\frac{\partial q_2}{\partial \eta}\right)\delta\eta \tag{4.69}$$

$$\delta q_0 q_2 = \sin\left(\frac{g(f)}{2}\right) \cdot \left(\frac{\xi}{\sqrt{\xi^2+\eta^2}}\right)\left(\frac{\partial q_0}{\partial \xi}\right)\delta\xi + \sin\left(\frac{g(f)}{2}\right) \cdot \left(\frac{\xi}{\sqrt{\xi^2+\eta^2}}\right)\left(\frac{\partial q_0}{\partial \eta}\right)\delta\eta \tag{4.70}$$

将式(4.69)和式(4.70)相加得到

$$q_0\delta q_2 + \delta q_0 q_2 = \Phi_1 \cdot \delta\xi + \Phi_2 \cdot \delta\eta \tag{4.71}$$

$$\Phi_1 = \left\{\cos\left(\frac{g(f)}{2}\right)\left(\frac{\partial q_2}{\partial \xi}\right) + \sin\left(\frac{g(f)}{2}\right) \cdot \left(\frac{\xi}{\sqrt{\xi^2+\eta^2}}\right)\left(\frac{\partial q_0}{\partial \xi}\right)\right\} \tag{4.72}$$

$$\Phi_2 = \left\{\cos\left(\frac{g(f)}{2}\right)\left(\frac{\partial q_2}{\partial \eta}\right) + \sin\left(\frac{g(f)}{2}\right) \cdot \left(\frac{\xi}{\sqrt{\xi^2+\eta^2}}\right)\left(\frac{\partial q_0}{\partial \eta}\right)\right\} \tag{4.73}$$

将式(4.71)~式(4.73)代入式(4.30)，得到

$$\delta g_N = 2g\Phi_1 \cdot \delta\xi + 2g\Phi_2 \cdot \delta\eta + b_{a,N}^n \tag{4.74}$$

由前述计算结果得到

$$q_0\delta q_1 + \delta q_0 q_1 = \Phi_3 \cdot \delta\xi + \Phi_4 \cdot \delta\eta \tag{4.75}$$

$$\Phi_3 = \left\{\cos\left(\frac{g(f)}{2}\right)\left(\frac{\partial q_1}{\partial \xi}\right) + \sin\left(\frac{g(f)}{2}\right) \cdot \left(\frac{-\eta}{\sqrt{\xi^2+\eta^2}}\right) \cdot \left(\frac{\partial q_0}{\partial \xi}\right)\right\} \tag{4.76}$$

$$\Phi_4 = \left\{\cos\left(\frac{g(f)}{2}\right)\left(\frac{\partial q_1}{\partial \eta}\right) + \sin\left(\frac{g(f)}{2}\right) \cdot \left(\frac{-\eta}{\sqrt{\xi^2+\eta^2}}\right) \cdot \left(\frac{\partial q_0}{\partial \eta}\right)\right\} \tag{4.77}$$

将式(4.75)~式(4.77)代入式(4.30)，得到

$$\delta g_E = -2g\Phi_3 \cdot \delta\xi - 2g\Phi_4 \cdot \delta\eta + b_{a,E}^n \tag{4.78}$$

由式(4.74)和式(4.78)，最终得到了重力水平扰动测量误差模型：

$$\begin{bmatrix} \delta g_N^n \\ \delta g_E^n \end{bmatrix} = \begin{bmatrix} 2\gamma \cdot \Phi_1 & 2\gamma \cdot \Phi_2 & 1 & 0 \\ -2\gamma \cdot \Phi_3 & -2\gamma \cdot \Phi_4 & 0 & 1 \end{bmatrix} \begin{bmatrix} \delta\xi \\ \delta\eta \\ b_{a,N} \\ b_{a,E} \end{bmatrix} \tag{4.79}$$

$$\Phi_1 = \left\{\cos\left(\frac{g(f)}{2}\right)\left(\frac{\partial q_2}{\partial \xi}\right) + \sin\left(\frac{g(f)}{2}\right) \cdot \left(\frac{\xi}{\sqrt{\xi^2+\eta^2}}\right)\left(\frac{\partial q_0}{\partial \xi}\right)\right\} \tag{4.80}$$

$$\Phi_2 = \left\{\cos\left(\frac{g(f)}{2}\right)\left(\frac{\partial q_2}{\partial \eta}\right) + \sin\left(\frac{g(f)}{2}\right) \cdot \left(\frac{\xi}{\sqrt{\xi^2+\eta^2}}\right)\left(\frac{\partial q_0}{\partial \eta}\right)\right\} \tag{4.81}$$

$$\Phi_3 = \left\{\cos\left(\frac{g(f)}{2}\right)\left(\frac{\partial q_1}{\partial \xi}\right) + \sin\left(\frac{g(f)}{2}\right) \cdot \left(\frac{-\eta}{\sqrt{\xi^2+\eta^2}}\right) \cdot \left(\frac{\partial q_0}{\partial \xi}\right)\right\} \tag{4.82}$$

$$\Phi_4 = \left\{\cos\left(\frac{g(f)}{2}\right)\left(\frac{\partial q_1}{\partial \eta}\right) + \sin\left(\frac{g(f)}{2}\right) \cdot \left(\frac{-\eta}{\sqrt{\xi^2+\eta^2}}\right) \cdot \left(\frac{\partial q_0}{\partial \eta}\right)\right\} \tag{4.83}$$

$\delta\xi$ 和 $\delta\eta$ 可看做是由测量噪声 w_N 和 w_E 所带来的垂线偏差测量噪声,$\delta\xi$ 和 $\delta\eta$ 在重力水平扰动测量误差中所占的比重是与重力场的变化相关的,参数 $\boldsymbol{\Phi}_{i,i=1,2,3,4}$ 描述了这种相关性。

▶ 4.2.4 加速度计零偏估计算法

利用推导的估计模型式(4.79),使用最小二乘法估计加速度计零偏,估计模型中的参数 $\boldsymbol{\Phi}_{i,i=1,2,3,4}$ 将随着重力场的变化而变化,于是可以得到一组不相关的观测方程,这保证了最小二乘算法中求解伪逆时的数值计算稳定性。

假设一共获得了 N 次重力水平扰动测量值,则可以建立如下观测方程。

$$z_{2N\times1} = \boldsymbol{H}_{2N\times4} \cdot \boldsymbol{x} \tag{4.84}$$

$$\boldsymbol{x} = \begin{bmatrix} x_1 & x_2 & x_3 & x_4 \end{bmatrix}^{\mathrm{T}} = \begin{bmatrix} \delta\xi & \delta\eta & \hat{b}_{a,\mathrm{N}}^n & \hat{b}_{a,\mathrm{E}}^n \end{bmatrix}^{\mathrm{T}} \tag{4.85}$$

$$z_{2N\times1} = \begin{bmatrix} \delta g_{\mathrm{N}}^n(1) & \delta g_{\mathrm{E}}^n(1) & \cdots & \delta g_{\mathrm{N}}^n(N) & \delta g_{\mathrm{E}}^n(N) \end{bmatrix} \tag{4.86}$$

$$\boldsymbol{H}_{2N\times4} = \begin{bmatrix} 2\gamma(1)\cdot\boldsymbol{\Phi}_1(1) & 2\gamma(1)\cdot\boldsymbol{\Phi}_2(1) & 1 & 0 \\ -2\gamma(1)\cdot\boldsymbol{\Phi}_3(1) & -2\gamma(1)\cdot\boldsymbol{\Phi}_4(1) & 0 & 1 \\ \vdots & \vdots & \vdots & \vdots \\ 2\gamma(N)\cdot\boldsymbol{\Phi}_1(N) & 2\gamma(N)\cdot\boldsymbol{\Phi}_2(N) & 1 & 0 \\ -2\gamma(N)\cdot\boldsymbol{\Phi}_3(N) & -2\gamma(N)\cdot\boldsymbol{\Phi}_4(N) & 0 & 1 \end{bmatrix} \tag{4.87}$$

式中:$z_{2N\times1}$ 为 $2N\times1$ 维的重力水平扰动测量误差,该误差通过重力水平扰动测量值减去真实值得到;$\boldsymbol{H}_{2N\times4}$ 为 $2N\times4$ 维的观测矩阵,其参数 $\boldsymbol{\Phi}_{i,i=1,2,3,4}$ 通过将重力水平扰动的真实值代入式(4.80)~式(4.83)得到;γ 为正常重力值,由载体的位置信息代入正常重力公式计算得到。

根据最小二乘算法,北向加速度计零偏估计表达式 $\hat{\boldsymbol{b}}_{a,\mathrm{N}}^n$ 和东向加速度计零偏估计表达式 $\hat{\boldsymbol{b}}_{a,\mathrm{E}}^n$ 如下,x_3 和 x_4 代表估计矢量 $\boldsymbol{x}$ 的第三和第四分量。

$$\boldsymbol{x} = (\boldsymbol{H}_{2N\times4}^{\mathrm{T}} \cdot \boldsymbol{H}_{2N\times4})^{-1} \cdot \boldsymbol{H}_{2N\times4}^{\mathrm{T}} \cdot z_{2N\times1} \tag{4.88}$$

$$\hat{b}_{a,\mathrm{N}}^n = x_3 \quad \hat{b}_{a,\mathrm{E}}^n = x_4 \tag{4.89}$$

4.3 加速度计零偏估计算法仿真验证

▶ 4.3.1 重力数据仿真

本节将对 4.2 节推导的估计模型进行仿真验证,在本节仿真中将 EGM2008

模型的计算值作为重力水平扰动的真实值。

从重力水平扰动测量误差模型可以看到,因为参数 $\Phi_{i,i=1,2,3,4}$ 是变化的,测量噪声 $\delta\xi$ 和 $\delta\eta$ 在测量误差中所占得比例将随着重力场的变化而变化,则重力场的变化较大时,测量噪声在重力水平扰动测量误差中的比重也会有较大的变化。

在本节仿真中,选择了重力场变化适中的海域作为仿真场景,其纬度范围是 1°N~5°N,其经度范围是 76°E~80°E,使用 EGM2008 模型全阶计算的该海域的重力水平扰动变化情况如图 4.1 所示。

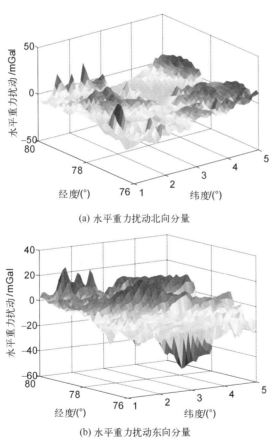

(a) 水平重力扰动北向分量

(b) 水平重力扰动东向分量

图 4.1　仿真海域重力水平扰动

潜航器在仿真海域内匀速直航以估计加速度计零偏估计,将潜航器的直航航线称为测线,选择如图 4.2 所示的 5 条纬线和 5 条经线作为测线,各测线范围如表 4.1 所列。

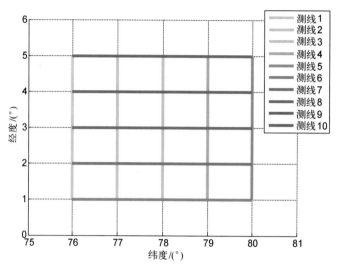

图 4.2　仿真海域测线规划图

表 4.1　仿真海域测线坐标范围与网格间距

测线编号	纬度范围	经度范围	重力测量点间距/n mile
测线 1	1°N~5°N	76°E	1
测线 2	1°N~5°N	77°E	1
测线 3	1°N~5°N	78°E	1
测线 4	1°N~5°N	79°E	1
测线 5	1°N~5°N	80°E	1
测线 6	1°N	76°E~80°E	1
测线 7	2°N	76°E~80°E	1
测线 8	3°N	76°E~80°E	1
测线 9	4°N	76°E~80°E	1
测线 10	5°N	76°E~80°E	1

　　接下来构建仿真数据,需要分别构建重力水平扰动测量误差和加速度计零偏两项。由表 4.1 给出的经纬度范围,计算各条测线上的重力水平扰动北向、东向分量真实值,如图 4.3 和图 4.4 所示。关于重力水平扰动测量误差的构建,由式(4.12)得到重力水平扰动的测量值,而后从测量值中减去真实值即可得到重力水平扰动测量误差。

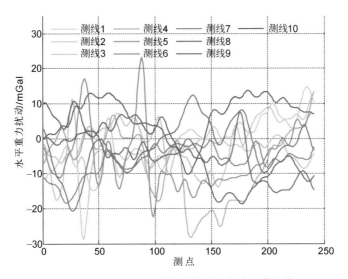

图 4.3　测线上的重力水平扰动北向分量真实值

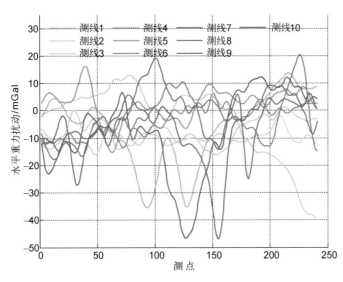

图 4.4　测线上的重力水平扰动东向分量真实值

4.3.2　加速度计零偏参数设置

加速度计零偏的构建是本节仿真的关键,文献[110]指出加速度计零偏分为静态零偏$\boldsymbol{b}_{as}$和动态零偏$\boldsymbol{b}_{ad}$:

$$\boldsymbol{b}_a = \boldsymbol{b}_{as} + \boldsymbol{b}_{ad} \tag{4.90}$$

加速度计静态零偏b_{as}也称为加速度计零偏重复性,包含加速度计上次上电到本次上电间零偏的变化和标定后的残余零偏。静态零偏b_{as}在上电后为常数。加速度计动态零偏b_{ad}也称为加速度计零偏不稳定性,包含随时间的漂移量和随温度的变化量。

将式(4.90)写为分量形式,并定义$b_{a,N}$为加速度计等效北向零偏,$b_{as,N}$为加速度计等效北向静态零偏,$b_{ad,N}$为加速度计等效北向动态零偏。$b_{a,E}$为加速度计等效东向零偏,$b_{as,E}$为加速度计等效东向静态零偏,$b_{ad,E}$为加速度计等效东向动态零偏。

$$\begin{cases} b_{a,\mathrm{N}} = b_{as,\mathrm{N}} + b_{ad,\mathrm{N}} \\ b_{a,\mathrm{E}} = b_{as,\mathrm{E}} + b_{ad,\mathrm{E}} \end{cases} \tag{4.91}$$

关于加速度计静态零偏b_{as}的设定:加速度计静态零偏的设定参考Honeywell® 公司生产的高精度导航级石英挠性加速度计 QA3000,资料显示QA3000 在一年内的零偏重复性小于40mGal,将40mGal 作为仿真中加速度计静态零偏b_{as}设定值集合的上确界。

根据4.1.1 节分析结论,当加速度计零偏与重力水平扰动在同一量级时,加速度计零偏将对重力水平扰动补偿带来显著影响,因此在前述上确界的约束下,根据测线上的重力水平扰动值来确定加速度计静态零偏b_{as}的值。

测线上的重力水平扰动统计结果如表4.2 所列,加速度计静态零偏设置为测线上重力水平扰动的均值或中位数。

表 4.2　测线上的重力水平扰动统计结果

测线编号	均值/mGal		中位数/mGal	
	北向分量	东向分量	北向分量	东向分量
测线 1	−1.21	−10.36	−1.55	−10.57
测线 2	−1.61	−6.87	−2.42	−6.64
测线 3	−2.61	−3.20	−2.97	1.25
测线 4	−7.07	−6.27	−3.43	−3.23
测线 5	−5.50	2.58	−8.65	3.32
测线 6	−6.42	−3.62	−5.70	−2.17
测线 7	−2.24	−2.62	−2.01	−3.21
测线 8	−4.96	−2.58	−4.44	−3.10
测线 9	−3.61	−5.79	−2.92	−3.50
测线 10	6.84	−7.92	8.35	−6.84
	所有测线均值/mGal		所有测线中位数/mGal	
	−2.84	−4.67	−2.97	−3.23

　　关于加速度计零偏不稳定性 $\boldsymbol{b}_{ad}$ 的设定：以一组实际的加速度计长时间静态测试数据作为动态零偏 $\boldsymbol{b}_{ad}$ 设定的参考。

　　2016 年底对某型高精度石英挠性加速度计进行了长期静态测试，从 2016 年 12 月 4 日开始静态测试，至 2016 年 12 月 22 日，共采集了约 450h 数据，数据采样率为 200Hz，通过高精度温控系统保证了加速度计测试环境温度的稳定，加速度计输出数据百秒均值如图 4.5 所示，用百秒均值减去第一个百秒均值得到加速度计输出漂移的百秒均值，如图 4.6 所示。

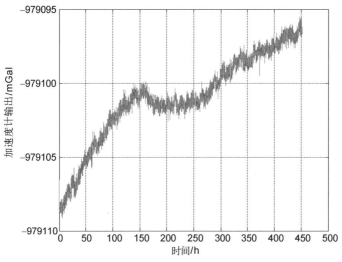

图 4.5　加速度计输出百秒均值

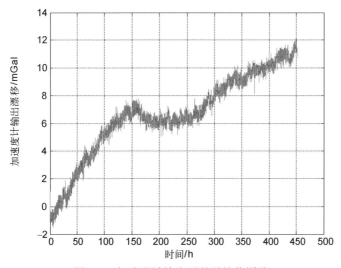

图 4.6　加速度计输出百秒平均值漂移

如图 4.6 所示,加速度计的零偏不稳定性表现分为三个阶段:

(1) 在[0,150]h,加速度计输出漂移呈现线性变化,漂移速率为 1.31mGal/天。

(2) 在[150,250]h,加速度计输出漂移较为平缓,近似于二次曲线。

(3) 在[250,450]h,加速度计输出又呈现线性漂移特性,漂移速率为 0.59mGal/天。

这种漂移现象由加速度计自身的结构特性引起,还是由于温度变化引起,或者兼而有之? 温控系统采集了前 140h 中加速度计表头温度以及外界环境温度,在[0,140]h,加速度计输出百秒均值与温度数据变化对比如图 4.7、图 4.8 所示。

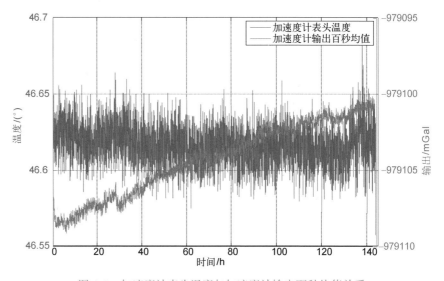

图 4.7 加速度计表头温度与加速度计输出百秒均值关系

由图 4.7 和图 4.8 可以看到:加速度计表头温度比较稳定,没有受到环境温度的影响而出现昼夜温差变化,说明达到了预期的温控效果。

加速度计输出的漂移量与加速度计表头温度或环境温度变化无关,这说明了该静态试验中加速度计输出的漂移是由其自身特性所引起,而不是受到温度变化的影响,因此可以将其漂移量看作时间的函数并建模为

$$b_{ad,\text{N}} = k_{ad,\text{N}} \cdot t \tag{4.92}$$

$$b_{ad,\text{E}} = k_{ad,\text{E}} \cdot t \tag{4.93}$$

式中:$k_{ad,\text{N}}$ 为等效北向加速度计零偏不稳定系数;$k_{ad,\text{E}}$ 为等效东向加速度计零偏不稳定系数。

测量噪声设定为均值 1~20mGal 的白噪声,这个范围基本覆盖了中高精度

重力矢量仪测量噪声。仿真中所述信噪比的定义如下,其中 $\delta\xi \cdot \gamma$ 为重力水平扰动北向分量测量噪声,$\delta\eta \cdot \gamma$ 为重力水平扰动东向分量测量噪声,γ 为载体所在位置的正常重力值。

$$\mathrm{SNR_N} = 20\log_{10}\left(\frac{b_{a,\mathrm{N}}}{\delta\xi \cdot \gamma}\right) \quad \mathrm{dB} \tag{4.94}$$

$$\mathrm{SNR_E} = 20\log_{10}\left(\frac{b_{a,\mathrm{E}}}{\delta\eta \cdot \gamma}\right) \quad \mathrm{dB} \tag{4.95}$$

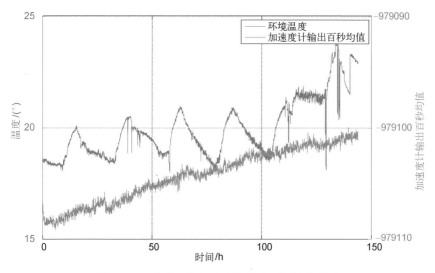

图 4.8　环境温度与加速度计输出百秒均值关系

4.3.3　零偏估计算法有效性仿真验证

根据前述的测线规划、加速度计零偏重复性设定、加速度计零偏不稳定性设定以及重力水平扰动测量噪声设定,设计以下仿真,验证加速度计零偏估计算法的有效性,仿真试验设计如表4.3所列。仿真试验1和仿真试验2的结果,如图4.9~图4.12所示。

表 4.3　加速度计零偏估计仿真试验

序　号	加速度计零偏设定
仿真试验 1	加速度计零偏仅包含零偏重复性,取值为测线重力水平扰动均值
仿真试验 2	加速度计零偏仅包含零偏重复性,取值为测线重力水平扰动中位数
仿真试验 3	加速度计零偏包含零偏重复性和零偏不稳定性,零偏重复性设为测线重力水平扰动均值,零偏不稳定性参数取 $[0,150]$ h 漂移速率

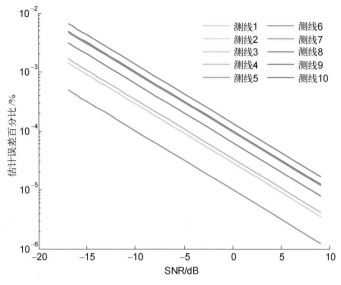

图 4.9 仿真试验 1:零偏北向分量估计误差

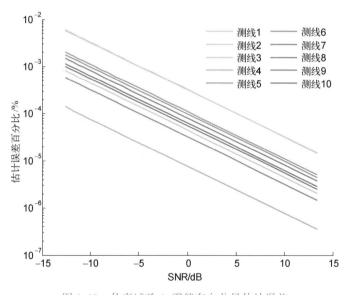

图 4.10 仿真试验 1:零偏东向分量估计误差

从仿真试验 1 和仿真试验 2 的结果可以看到:当加速度计零偏为常值时,通过所述估计方法可以得到加速度计零偏的准确估计,当信噪比为 $-15\mathrm{dB}$ 时,加速度计零偏的估计误差小于 $10^{-2}\%$。

对于加速度计零偏北向分量估计,测线 10 上的估计误差显著地大于其他

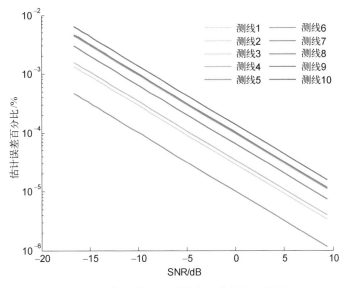

图 4.11　仿真试验 2:零偏北向分量估计误差

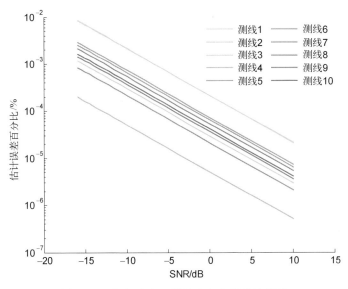

图 4.12　仿真试验 2:零偏东向分量估计误差

测线上的估计误差,其原因在于:由表 4.2 可以看到,测线 10 的重力水平扰动北向分量的均值和中位数均较大,即测线 10 上的测量噪声在重力水平扰动测量误差中占有较大的比重,因此测量误差中所包含的加速度计零偏的信息就相应地减少,导致测线 10 上加速度计零偏北向分量估计误差较大。

同样的原因,测线 1 的重力水平扰动东向分量的均值和中位数均较大,因此测线 1 上的加速度计零偏东向分量的估计误差大于其他测线。

接下来验证,当加速度计零偏同时包含常值和随时间的线性漂移时,能否准确地估计加速度计零偏,为此需要对估计模型式(4.84)进行如下修改。

$$z_{2N \times 1} = H_{2N \times 6} \cdot x \tag{4.96}$$

$$x = \begin{bmatrix} \delta\xi & \delta\eta & b_{as,N}^n & b_{as,E}^n & k_{ad,N} & k_{ad,E} \end{bmatrix}^T \tag{4.97}$$

$$H_{2N \times 6} = \begin{bmatrix} 2\gamma(1) \cdot \Phi_1(1) & 2\gamma(1) \cdot \Phi_2(1) & 1 & 0 & t & 0 \\ -2\gamma(1) \cdot \Phi_3(1) & -2\gamma(1) \cdot \Phi_4(1) & 0 & 1 & 0 & t \\ \vdots & \vdots & \vdots & \vdots & \vdots & \vdots \\ 2\gamma(N) \cdot \Phi_1(N) & 2\gamma(N) \cdot \Phi_2(N) & 1 & 0 & t & 0 \\ -2\gamma(N) \cdot \Phi_3(N) & -2\gamma(N) \cdot \Phi_4(N) & 0 & 1 & 0 & t \end{bmatrix}$$

$$\tag{4.98}$$

为了获得更多的观测量以提高估计精度,仿真中假设航速为 5kn,则一条测线上的航行时间为 48h,仿真试验 3 的估计结果如图 4.13 ~ 图 4.16 所示。

需要注意的是,仿真试验 3 中,因为加速度计的零偏随时间变化,信噪比也是随时间变化的,因此将图 4.13 ~ 图 4.16 的横轴改为测量噪声。

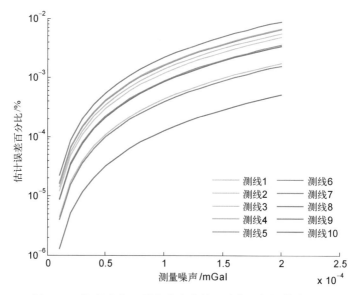

图 4.13 仿真试验 3:零偏北向分量—零偏重复性估计误差

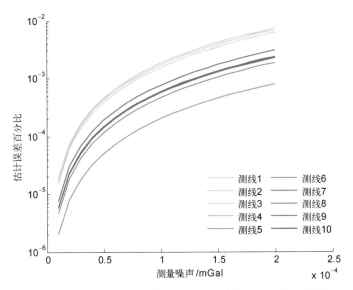

图 4.14　仿真试验 3:零偏东向分量—零偏重复性估计误差

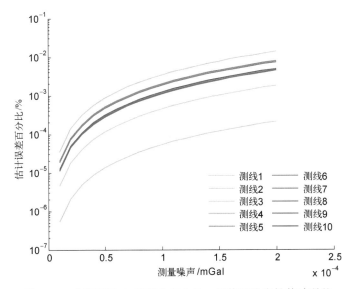

图 4.15　仿真试验 3:零偏北向分量—零偏不稳定性估计误差

　　由图 4.13~图 4.16 的试验结果可以看到,在所有测线上均获得了对零偏重复性参数和零偏不稳定性参数的精确估计,估计误差均小于 $10^{-2}\%$。

　　应当注意的是,仿真中船速仅为 5kn,且利用了 240 n mile 长的测线进行估计,在一条测线上的耗时为 48h,虽然取得了精确的估计,但过长的测线和过低的航速并不适于工程应用,在接下来的仿真试验中将针对典型的应用场景进一

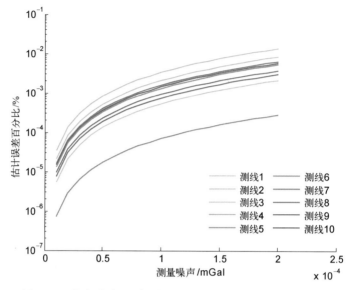

图 4.16　仿真试验 3:零偏东向分量—零偏不稳定性估计误差

步检验算法的实用性。

4.3.4　零偏估计算法典型应用场景仿真验证

假设典型的应用场景条件为:①潜航器航速为 20kn;②要求在 1h 内完成对加速度计零偏的估计。考虑到重力矢量仪的输出周期一般是 160~300s,于是测线的长度可合理地假设为 20n mile,其坐标范围如表 4.4 所列,典型应用场景仿真试验设计如表 4.5 所列。

表 4.4　短测线坐标范围与网格间距

测 线 编 号	纬 度 范 围	经 度 范 围	重力测量点间距/n mile
测线 1	1°N~1°20'N	76°E	1
测线 2	1°N~1°20'N	77°E	1
测线 3	1°N~1°20'N	78°E	1
测线 4	1°N~1°20'N	79°E	1
测线 5	1°N~1°20'N	80°E	1
测线 6	1°N	76°E~76°20'E	1
测线 7	2°N	76°E~76°20'E	1
测线 8	3°N	76°E~76°20'E	1
测线 9	4°N	76°E~76°20'E	1
测线 10	5°N	76°E~76°20'E	1

表 4.5　典型应用场景——加速度计零偏估计仿真试验

序　号	加速度计零偏设定
仿真试验 4	加速度计零偏仅包含零偏重复性,设为短测线上重力水平扰动均值
仿真试验 5	加速度计零偏仅包含零偏重复性,设为短测线上重力水平扰动中位数
仿真试验 6	加速度计零偏包含零偏重复性和零偏不稳定性,零偏重复性参数设为短测线上重力水平扰动均值,零偏不稳定性设为[0,150]h 漂移速率

　　仿真试验 4 和仿真试验 5 为加速度计零偏仅包含常值零偏情况,试验结果如图 4.17~图 4.22 所示。

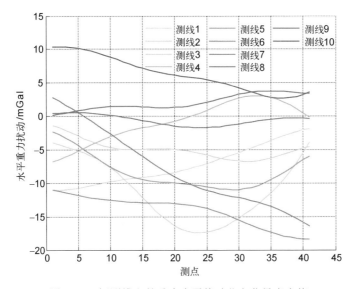

图 4.17　短测线上的重力水平扰动北向分量真实值

　　由仿真结果可以看到,在典型应用场景下,所有测线上对加速度计常值零偏的估计误差均小于 10^{-1}%,表明在典型应用场景下,估计算法能较高精度地估计加速度计零偏。同时,将仿真试验 4 和仿真试验 5 的结果与仿真试验 1 和仿真试验 2 的结果进行对比,加速度计零偏估计精度下降的原因在于短测线上的观测数据较少。

　　当加速度计零偏包含重复性和不稳定性时,估计结果如图 4.23~图 4.26 所示。

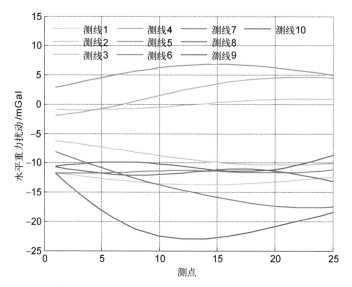

图 4.18　短测线上的重力水平扰动东向分量真实值

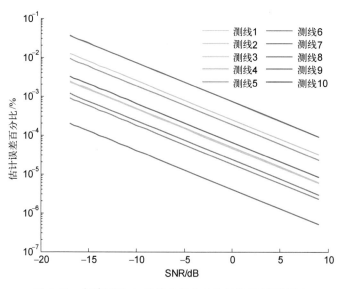

图 4.19　仿真试验 4:零偏北向分量估计误差(短测线)

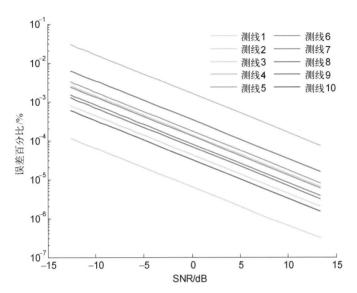

图 4.20 仿真试验 4:零偏东向分量估计误差(短测线)

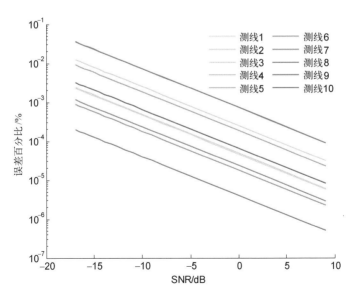

图 4.21 仿真试验 5:零偏北向分量估计误差(短测线)

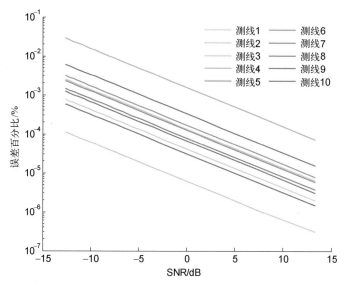

图 4.22 仿真试验 5:零偏东向分量估计误差(短测线)

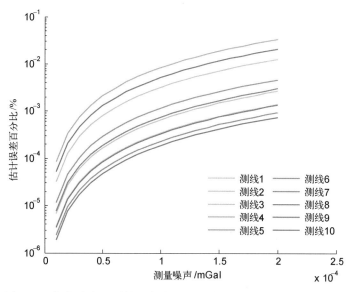

图 4.23 仿真试验 6:零偏北向分量—零偏重复性估计误差(短测线)

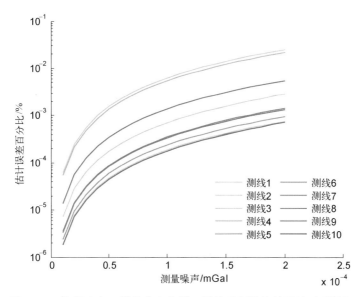

图 4.24 仿真试验 6:零偏东向分量—零偏重复性估计误差(短测线)

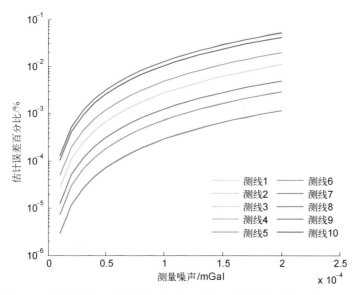

图 4.25 仿真试验 6:零偏北向分量—零偏不稳定性估计误差(短测线)

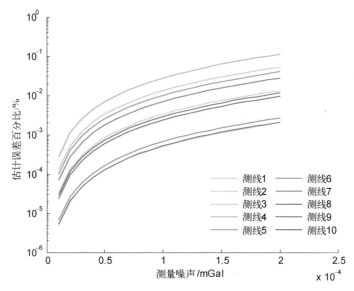

图 4.26 仿真试验 6:零偏东向分量—零偏不稳定性估计误差(短测线)

由图 4.23~图 4.26 可以看到,在假设的典型应用场景下,仅使用了 21 个测量点在 1h 完成估计,试验结果:

在所有测线上对加速度计零偏重复性参数和零偏不稳定性参数的最大估计误差均小于 10^{-1}%,表明本节所述的算法在所假设的典型应用场景下,能够较高精度地估计加速度计零偏重复性参数和零偏不稳定性参数的估计。同样地,由于观测数据的减少,仿真试验 6 的估计精度低于仿真试验 5。

4.4 本 章 小 结

本章根据惯性导航误差理论,分析了加速度计零偏对重力补偿效果的影响,分析结果表明:当加速度计零偏与重力水平扰动在同一量级时,加速度计零偏会对重力补偿效果带来显著影响,甚至可能出现补偿重力水平扰动后惯性导航精度反而下降的情况,这说明加速度计零偏的估计与补偿是保证重力补偿效果的关键。

基于捷联式重力矢量测量理论,推导了重力矢量测量噪声模型,并基于该模型提出了一种新的加速度计零偏估计方法,针对加速度计零偏为常值和随时间线性漂移等情况进行了仿真验证,验证了所述算法的有效性;此外,在典型应用场景下再次进行了仿真验证,仿真结果表明本章所提出的算法能够在典型应用场景下较高精度地估计加速度计零偏。

第5章 重力水平扰动降阶补偿方法

重力场球谐函数模型计算阶次越高,得到的重力网格数据的分辨率和精度也就越高,因此通常使用模型的最高阶次进行计算。但是,对于重力补偿这一具体应用,是否模型计算阶次越高,重力补偿效果就越好? 这是本章要回答的第一个问题。如果不是越高越好,是否存在一个最优的阶次,这个最优的阶次如何确定,这是本章要回答的第二个问题。

5.1 重力补偿目标频段

5.1.1 惯性导航单通道误差特性频域分析

首先进行定性地猜想,惯性导航是一种积分算法,积分算法具有一定的低通特性,这对重力水平扰动高频信号有衰减作用,因此中低频段的重力水平扰动信号对 INS 有更显著的影响。

最需要补偿的是中低频段(以下称为目标频段)重力水平扰动信号,相应地也就不一定需要使用全阶次的重力场球谐函数模型计算重力水平扰动,而只需要计算与目标频段对应的阶次(以下称为降阶阶次)。

本节从频域对惯性导航单通道误差特性进行分析,在分析中忽略惯性传感器的零偏、漂移和噪声,并假设重力水平扰动是唯一的误差源。

惯性导航单通道误差微分方程如下[61]:

$$\delta \dot{\theta} = -\frac{\delta v_{\mathrm{N}}}{R} \tag{5.1}$$

$$\delta \dot{v}_{\mathrm{N}} = \gamma \cdot \delta\theta + \delta g_{\mathrm{N}} \tag{5.2}$$

$$\delta \dot{p} = \delta v_{\mathrm{N}} \tag{5.3}$$

式中:$\delta\theta$ 为俯仰角误差;δv_{N} 为北向速度误差;R 为参考椭球平均半径;γ 为正常重力值;δg_{N} 为重力水平扰动北向分量;δp 为位置误差。

式(5.1)~式(5.3)分别是 INS 北向通道的姿态误差微分方程、速度误差微分方程和位置误差微分方程,将上述误差微分方程整合为如下的状态方程:

$$x = \begin{bmatrix} \delta\theta & \delta v_N & \delta p \end{bmatrix}^T \tag{5.4}$$

$$\dot{x} = Ax + Bu \tag{5.5}$$

$$A = \begin{bmatrix} 0 & -1/R & 0 \\ g & 0 & 0 \\ 0 & 1 & 0 \end{bmatrix} \tag{5.6}$$

$$B = \begin{bmatrix} 0 & 1 & 0 \end{bmatrix}^T \tag{5.7}$$

$$u = \delta g_N \tag{5.8}$$

式中:A 为系统矩阵;B 为输入矩阵;u 为系统输入量。

为研究重力水平扰动对惯性导航定位精度的影响,选择位置误差作为输出量,得到如下输出方程:

$$y = Cx \tag{5.9}$$

$$C = \begin{bmatrix} 0 & 0 & 1 \end{bmatrix}^T \tag{5.10}$$

根据线性系统理论,由状态方程式(5.5)和输出方程式(5.10)得到系统传递函数:

$$G(s) = \begin{bmatrix} C(sI-F)^{-1}B \end{bmatrix} \tag{5.11}$$

得到系统传递函数

$$G(s) = \frac{R}{Rs^2 + g} \tag{5.12}$$

由式(5.12)计算得到 INS 北向通道误差传递函数的幅频响应曲线,如图 5.1 所示。

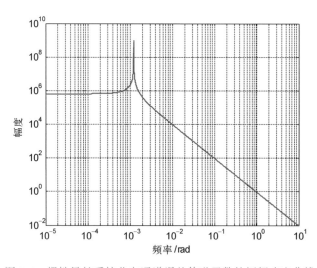

图 5.1　惯性导航系统北向通道误差传递函数的幅频响应曲线

▶ 5.1.2　重力补偿目标频段的确定

由图 5.1 知,INS 的北向通道误差传递函数具有低通特性,尖峰处的频率恰好是 INS 固有的舒勒频率。数字信号处理中,一般将低通滤波器幅频特性曲线 −3dB 处的频率作为滤波器的截止频率,对应地可认为北向误差通道的截止频率为

$$f_{\text{cut-off}} = 3.42 \times 10^{-4} \text{Hz} \tag{5.13}$$

因为 INS 的低通特性,部分高频的重力水平扰动信号被衰减,频率低于截止频率的重力水平扰动信号对惯导系统有更显著的影响,因此需要补偿的目标频段是

$$f_{\text{compensation}} \leqslant 3.42 \times 10^{-4} \text{Hz} \tag{5.14}$$

至此,可以明确地回答前文提出的第一个问题,对于重力补偿问题,并不是球谐模型计算阶次越高越好,因为截止频率以上的重力水平扰动高频信号不是影响惯性导航精度的关键。

5.2　目标频段与降阶阶次的关系

▶ 5.2.1　时间频率与空间频率的转换

确定目标频段后,接下来确定与之相对应的降阶阶次。首先需要明确,目标频率是一个时间域的概念,而重力场球谐模型中的高频与低频是空间域的概念,要由目标频段得到降阶阶次,需要完成由空间域到时间域的转换,转换的关键在于重力水平扰动信号的波长和载体的速度,时间域的目标频率与空间域目标频率的关系如下:

$$f'_{\text{compen}} = \frac{f_{\text{compen}}}{v} \tag{5.15}$$

式中:f_{compen} 为 5.1 节所得到的时间域的目标频率;f'_{compen} 为对应的空间域的目标频率;v 为航行速度。

在时间域中频率与周期互为倒数,在空间域中也有一个与频率互为倒数的周期概念,空间域中的周期的量纲不是时间而是距离,则与 f'_{compen} 互为倒数的周期是需要补偿的重力水平扰动信号的波长 D_{compen},所谓重力水平扰动波长将在下一节解释。

$$D_{compen} = \frac{1}{f'_{compen}} = \frac{v}{f_{compen}} \tag{5.16}$$

5.2.2 重力场球谐函数模型阶次的几何意义

接下来,首先解释重力水平扰动波长的含义。满足拉普拉斯方程的扰动重力势是一种调和函数,调和函数可以用球谐模型展开,这种展开类似于用正弦函数基展开一维信号的傅里叶变换,用球谐模型展开重力势函数可以类比为球面上的二维傅里叶变换。

展开扰动重力势,需要完全正则化勒让德多项式、等阶次缔合勒让德函数和非等阶次缔合勒让德函数,它们的几何意义可以解释重力水平扰动信号波长的含义。

完全正则化勒让德多项式具有明确的几何意义,下面从低阶的完全正则化勒让德多项式的几何特点来归纳。

由式(2.69)和式(2.64)递推得到 1 阶完全正则化勒让德多项式:

$$\overline{P}_{1,0} = \sqrt{3}\cos\vartheta \tag{5.17}$$

令 $m=0$,代入式(2.65),得到完全正则化勒让德多项式 $\overline{P}_{n,0}$ 递推公式

$$\overline{P}_{n,0} = \sqrt{\frac{4n^2-1}{n^2}} \cdot (\cos\vartheta) \cdot \overline{P}_{n-1,0} - \sqrt{\frac{(n-1)^2(2n+1)}{n^2(2n-3)}} \cdot \overline{P}_{n-2,0} \tag{5.18}$$

依次将 $\overline{P}_{n-1,0}$ 和 $\overline{P}_{n-2,0}$ 代入式(5.18),得到

$$\overline{P}_{2,0} = \sqrt{\frac{45}{4}}(\cos\vartheta)^2 - \sqrt{\frac{5}{4}} \tag{5.19}$$

$$\overline{P}_{3,0} = \sqrt{\frac{1575}{36}}(\cos\vartheta)^3 - \sqrt{\frac{1911}{324}}\cos\vartheta \tag{5.20}$$

地心余纬 ϑ 在 $[0,\pi]$ 范围内变化,即 $\cos\vartheta$ 的取值范围是 $[-1,1]$,令 $\cos\vartheta = t$,则 $t \in [-1,1]$,前 3 阶完全正则化勒让德多项式可表示为

$$\overline{P}_{0,0} = 1 \qquad\qquad \overline{P}_{1,0} = \sqrt{3}\,t$$

$$\overline{P}_{2,0} = \sqrt{\frac{45}{4}}t^2 - \sqrt{\frac{5}{4}} \qquad \overline{P}_{3,0} = \sqrt{\frac{1575}{36}}t^3 - \sqrt{\frac{1911}{324}}t \tag{5.21}$$

完全正则化勒让德多项式 $\overline{P}_{n,0}$ 为 n 阶多项式,利用仿真计算前 6 阶完全正则化勒让德多项式的函数图像如图 5.2 所示。可以看到,完全正则化勒让德多项式的阶数决定了多项式的值等于零的次数,即计算点由北极到南极的移动过程中, n 阶完全正则化勒让德多项式的值有 n 次等于零,即纬线被分为了 $(n+1)$ 段。

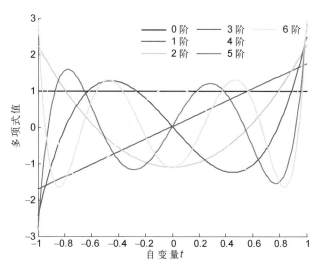

图 5.2　前 6 阶完全正则化勒让德多项式图像

　　图 5.3 中(a)~(d)分别为 3 阶~6 阶完全正则化勒让德多项式图像。完全正则化勒让德多项式并不是均等地将纬线分为了(n+1)段,但是从图 5.3 中可以看到,除了南极或北极附近,这种划分是近似均等的。这里做两个假设,假设完全正则化勒让德多项式的几何特点近似代表了完全正则化勒让德函数的几何特点,假设完全正则化勒让德函数在经度方向的几何特点与纬度方向的几何特点近似,基于这两个假设,近似认为 n 阶球谐函数的空间分辨率为

$$D = \frac{\pi R}{n} \tag{5.22}$$

式中:R 为参考椭球的平均半径;n 为球谐模型计算时的最高阶。

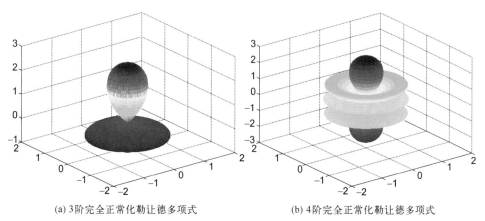

(a) 3阶完全正常化勒让德多项式　　　　　(b) 4阶完全正常化勒让德多项式

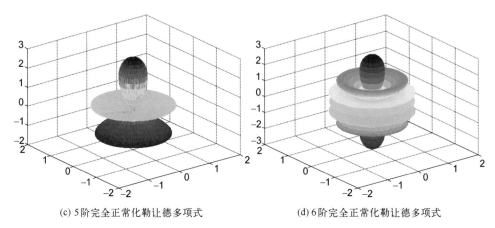

(c) 5阶完全正常化勒让德多项式　　　(d) 6阶完全正常化勒让德多项式

图5.3　完全正则化勒让德多项式图像

5.2.3　降阶阶次计算

将式(5.22)代入式(5.16)，可得到舰船航行速度与降阶阶次 n_{compen} 的关系如下：

$$n_{\text{compen}} = \frac{\pi R f_{\text{compen}}}{v} \tag{5.23}$$

当舰船处于静止、系泊等情况时，式(5.23)的分母为零或接近零，导致式(5.23)失效或计算出的降阶阶次超过了重力模型的最高阶次，因此需要对式(5.23)进行修改：当载体速度为零或计算出的降阶阶次超过模型最高阶时，使用模型最高阶进行计算，并且考虑到本书使用的 EGM2008 球谐函数模型的最高阶为2190，得到修改后的降阶阶次计算公式：

$$n_{\text{compen}} = \begin{cases} n_{\max} & v \leqslant 3.1\,\text{m/s} \\ \dfrac{\pi R f_{\text{compen}}}{v} & v > 3.1\ \text{m/s} \end{cases} \tag{5.24}$$

舰船巡航速度一般在 10～20kn，由图5.4可知，如果采用降阶阶次计算重力水平扰动，计算阶次可以降低至 1400 阶至 700 阶，阶次降低比例约40%～70%，计算耗时的减小可以有效地减小导航计算机的计算载荷，或者在相同的计算载荷下缩短重力水平扰动计算时间间隔以应对部分区域重力场的快速变化。

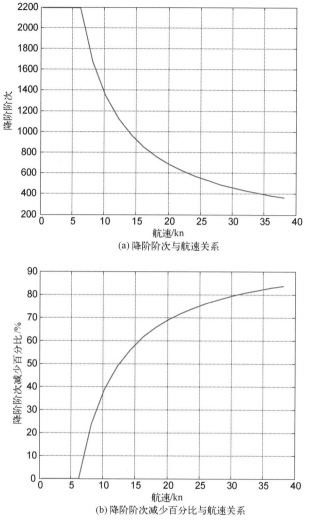

(a) 降阶阶次与航速关系

(b) 降阶阶次减少百分比与航速关系

图 5.4　降阶阶次及其减少百分比与航速关系

　　虽然采用降阶计算带来了计算耗时缩短的好处,但如果降阶计算不能够保证补偿效果,那么降阶计算就不适于重力补偿应用。

　　基于 5.1 节的分析结论,降阶计算的重力水平扰动应该能够补偿绝大部分重力水平扰动引起的误差,将在后文中通过船载试验数据进行验证。

5.3 重力水平扰动降阶补偿方法

5.3.1 重力水平扰动降阶速度补偿算法

结合 3.2 节提出的重力水平扰动速度补偿算法与本章所提出的降阶阶次,得到重力水平扰动降阶速度补偿算法,其原理框图如图 5.5 所示,其步骤总结如下。

第一步:计算惯导系统输出速度矢量模值,代入式(5.24)计算降阶阶次 n_{compen};

第二步:将惯导系统输出位置信息和第一步计算的降阶阶次 n_{compen} 代入式(2.92)和式(2.93)分别计算重力水平扰动北向分量 δg_{N} 和重力水平扰动东向分量 δg_{E};

第三步:根据垂线偏差与重力水平扰动关系,计算垂线偏差北向分量 ξ 和垂线偏差东向分量 η;

第四步:将第三步计算的 ξ 和 η 代入式(3.15),计算四元数 Q;

第五步:将第四步计算的四元数 Q 代入式(3.16),计算方向余弦矩阵 $C_{n'}^{n}$;

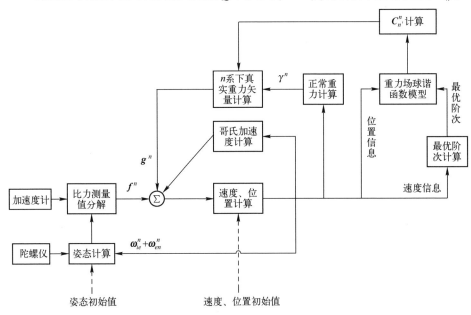

图 5.5　重力水平扰动降阶速度补偿算法原理框图

第六步:将第五步计算的方向余弦矩阵代入式(3.17),计算 n 系下的真实重力矢量 $\boldsymbol{g}^n$,并将其用于惯性导航解算。

5.3.2　重力水平扰动降阶姿态补偿算法

结合 3.3 节提出的重力水平扰动姿态补偿算法与本章所提出的降阶阶次,得到重力水平扰动降阶姿态补偿算法,其原理框图如图 5.6 所示,其步骤总结如下。

第一步:计算惯导系统输出速度矢量模值,代入式(5.24)计算降阶阶次 n_{compen};

第二步:将惯导系统输出位置信息和降阶阶次 n_{compen},代入式(2.92)和式(2.93)分别计算重力水平扰动北向分量 δg_{N} 和重力水平扰动东向分量 δg_{E};

第三步:根据垂线偏差与重力水平扰动关系,计算垂线偏差北向分量 ξ 和垂线偏差东向分量 η;

第四步:将第三步计算的 ξ 和 η 代入式(3.15),计算当前更新周期的四元数 $\boldsymbol{Q}(t_k)$;

第五步:将第四步计算的当前更新周期的四元数 $\boldsymbol{Q}(t_k)$ 和上一更新周期的四元数 $\boldsymbol{Q}(t_{k-1})$ 代入式(3.29),计算 $\boldsymbol{q}(t)$;

第六步:将 $\boldsymbol{q}(t)$ 代入式(3.30),计算垂线偏差牵连角速度 $\boldsymbol{\omega}_{nn'}^{n'}$。

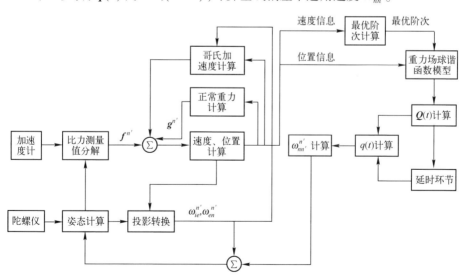

图 5.6　重力水平扰动降阶姿态补偿算法原理框图

5.4 重力水平扰动降阶速度补偿算法验证

▶ 5.4.1 对比试验设计

基于 3.5 节所述的海试试验数据,验证重力水平扰动降阶速度补偿算法有效性,对比以下两种方式补偿效果:

最高阶速度补偿方法。使用最高阶次计算重力水平扰动,并将其用于重力水平扰动速度补偿算法。

降阶速度补偿方法。使用降阶阶次计算重力水平扰动,并将其用于重力水平扰动姿态补偿算法。

本节试验目的在于通过上述两种补偿方式的对比,验证以下两点:

(1) 将降阶计算的重力水平扰动数据用于重力水平扰动速度补偿算法,补偿是否是有效的?

(2) 进一步比较补偿效果,验证是否因计算阶次降低而使补偿效果减弱。

需要注意的是,重力水平扰动计算的时间间隔也是影响补偿效果的重要因素,试验中将计算时间间隔设置为 100s 和 500s。

▶ 5.4.2 重力水平扰动计算结果对比

首先比较航线上的重力水平扰动计算结果,如图 5.7~图 5.10 所示。

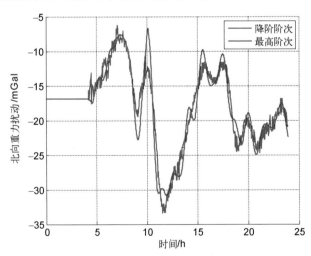

图 5.7　航线上的重力水平扰动北向分量计算结果(计算间隔 100s)

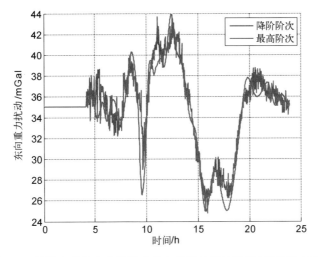

图 5.8　航线上的重力水平扰动东向分量计算结果(计算间隔 100s)

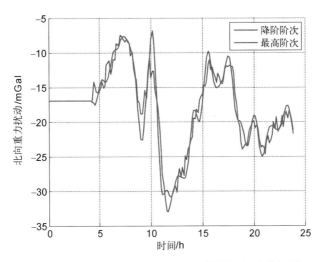

图 5.9　航线上的重力水平扰动北向分量计算结果(计算间隔 500s)

在前 5h,因为试验船处于系泊状态,根据式(5.24),此时不进行降阶计算而是以最高阶次计算,因此两种速度补偿方法在前 5h 所计算的重力水平扰动结果是一致的。

从第 5h~24h,试验船由系泊状态变为航行状态,重力场球谐模型计算阶次随着航速的提高而降低,在第 5h~24h,两种速度补偿方法所计算的重力水平扰动有所差别,但总体趋势是基本一致。

同时可以明显地观察到,使用降阶阶次计算的重力水平扰动存在一定程度

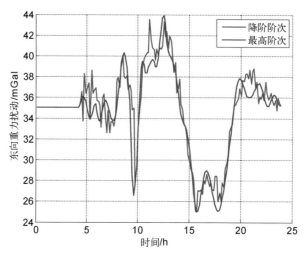

图 5.10　航线上的重力水平扰动东向分量计算结果(计算间隔 500s)

的抖动,这种抖动直观上像是一种高频信号,这种高频信号是否是重力场的高频信号? 答案是否定的,因为降阶补偿算法计算的是重力场的中低频信号,不应该包含重力场的高频信号,况且最高阶补偿方法计算的结果中也没有这种抖动现象出现。

　　通过对比发现,在试验船进入航行状态后才出现了这种抖动,因此推断这种抖动应该和载体的速度有关系,进一步地将试验船的速度与降阶阶次对比如图 5.11 和图 5.12 所示,可以看到由于试验船在航行中偶尔有速度快速变化的

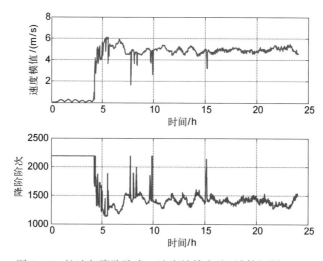

图 5.11　航速与降阶阶次—速度补偿方法(计算间隔 100s)

情况,就使的降阶阶次也处于快速变化之中,例如在第 5h 左右,试验船正处于加速阶段、速度变化比较频繁,而在这一时段出现的抖动情况也是较为剧烈的,因此认为降阶阶次计算结果出现抖动的原因在于:航速的快速变化导致了计算阶次的快速变化。

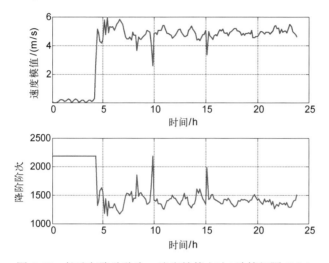

图 5.12　航速与降阶阶次—速度补偿方法(计算间隔 500s)

5.4.3　补偿效果对比

对如下定位误差进行比较,如表 5.1 所列,验证降阶速度补偿算法的有效性。

表 5.1　导航误差对比—速度补偿方法

误差结果	计算阶次	计算间隔/s	补偿方法
误差 1	—	—	未补偿
误差 2	最高阶次	100	速度更新补偿
误差 3	降阶阶次	100	速度更新补偿
误差 4	最高阶次	500	速度更新补偿
误差 5	降阶阶次	500	速度更新补偿

由图 5.13~图 5.15,首先看到使用降阶速度补偿方法的惯性导航误差始终小于未补偿的情况,这个结果定性地回答了第一个问题,降阶速度补偿方法是有效的。

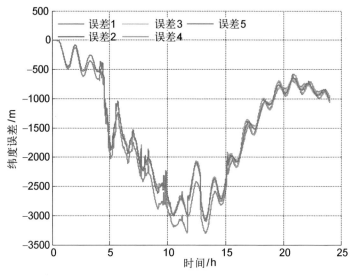

图 5.13　纬度误差对比—速度补偿

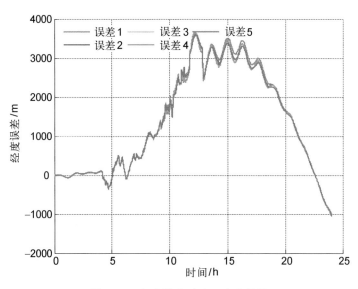

图 5.14　经度误差对比—速度补偿

　　为进一步分析是否因为计算阶次的降低而使补偿效果减弱,为此需要定量地分析惯导精度提升水平,用未补偿时的定位误差绝对值减去补偿后定位误差绝对值,可以得到补偿后惯性导航精度提升情况,如表 5.2 所列。

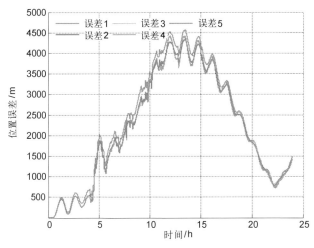

图 5.15 位置误差对比—速度补偿

表 5.2 补偿效果对比—速度补偿方法

精 度 提 升	计 算 阶 次	计算间隔/s	补 偿 方 法
提升 1	最高阶次	100	速度补偿
提升 2	降阶阶次	100	速度补偿
提升 3	最高阶次	500	速度补偿
提升 4	降阶阶次	500	速度补偿

图 5.16~图 5.19 可以看出,前 5h 试验船系泊在码头,载体的速度接近于零,由式(5.24)知此时的降阶速度补偿与最高阶速度补偿是等效的。

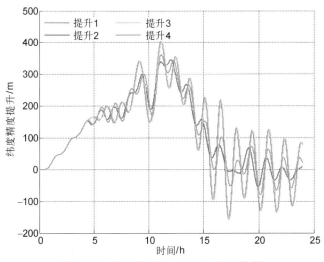

图 5.16 纬度精度提升对比—速度补偿

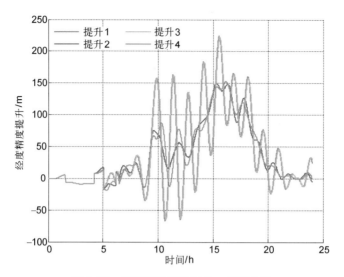

图 5.17　经度精度提升对比—速度补偿

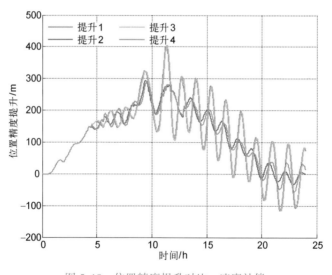

图 5.18　位置精度提升对比—速度补偿

　　从第 5~24h,试验船由系泊状态转为航行状态,航行过程中航速保持在 10kn 左右,两种速度补偿方法的补偿效果有一定差异,但补偿效果的总体趋势一致。

　　补偿效果的差异在于使用降阶补偿时,定位精度的提升更稳定、振荡幅度更小,并且使用最高阶速度补偿时,减小重力水平扰动计算间隔几乎不会给补偿效果带来提升,而使用降阶阶次补偿时更小的计算间隔带来了更好的补偿效果,这一特性正好发挥了降阶补偿方法计算耗时少的优点。

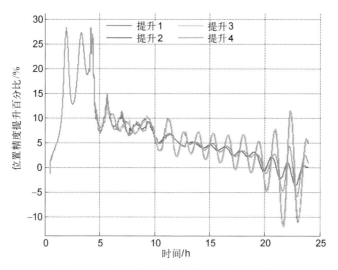

图 5.19　定位精度提升百分比—速度补偿

关于两者补偿效果差异的讨论:

第 3 章中已经指出减弱/消除重力水平扰动的影响后,INS 输出纬度、经度和位置精度的提升将呈现舒勒振荡的形式。相比于最高阶速度补偿方式,降阶速度补偿后的精度提升振荡幅度显著地减小。

两种补偿方式的算法是相同的,因此造成这一现象的主要原因在于重力水平扰动数据。重力场球谐模型的计算结果是含有误差的,被截断的高阶项的误差没有进入到惯性导航解算中,于是降阶补偿效果具有更小的振荡幅度。降阶速度补偿能获得更稳定的精度提升,因此认为降阶速度补偿算法比最高阶速度补偿算法具有更好的工程应用价值。

下面进一步分析和比较最高阶速度补偿算法和降阶速度补偿方法的计算耗时,采用如图 5.20 的方案记录程序的执行时间。需要说明的是,因为试验船是在码头系泊状态下完成初始对准,因此在初始对准阶段不进行重力水平扰动更新,而是使用的参数初始化中计算的码头处的重力水平扰动值。

在进行耗时测量实验时,计算机上仅保留计算进程,数据处理平台条件如下:

(1) CPU:Intel ® Core™ i7-4790 3.60GHz。

(2) 计算机内存:8GB。

(3) 操作系统:Windows 7 Service Pack 1 64 位操作系统。

(4) 计算平台:Matlab 2014a。

时间测量方案中,各符号含义为:t_1 记录整个程序的执行时间;t_2 记录从开

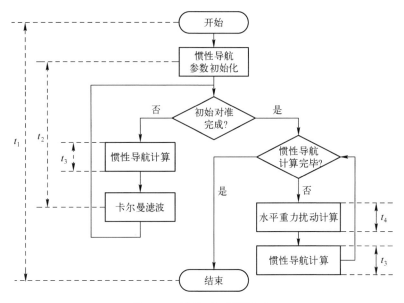

图 5.20 计算时间测量方案

始到初始对准执行完成的耗时;t_3记录惯性导航计算耗时,包括了初始对准中的导航计算耗时;t_4记录重力水平扰动计算耗时。

使用图 5.20 所述方案,对计算间隔为 100s 时的最高阶速度补偿算法和降阶速度补偿算法进行分析,得到表 5.3、图 5.21 和图 5.22 等统计结果,重力水平扰动 1 次计算耗时对比如图 5.23 所示。

表 5.3 速度补偿计算耗时对比(计算时间间隔 100s)

计算耗时项/s	计算时间间隔 100s	
	最高阶速度补偿方法	降阶速度补偿方法
总计算耗时	3542.1	2938.3
初始化及初始对准耗时	57.2	63.1
导航计算耗时	1722.5	1748.6
重力水平扰动计算耗时	1762.4	1126.6
减少总计算耗时	603.8	
减少重力水平扰动计算耗时	635.8	

从统计结果可以看到,两种算法在初始化、初始对准及导航计算阶段的耗时是基本一致的,采用降阶算法后,程序总体执行时间减少了 603.8s,主要是因为重力水平扰动计算时间减少 635.8s,减少比例为 36.1%,重力水平扰动计算耗时在整个计算中的比例由 50% 下降为 38%。

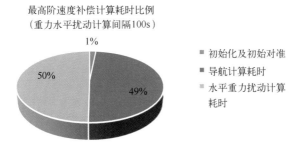

图 5.21 最高阶速度补偿计算耗时比例图(计算时间间隔 100s)

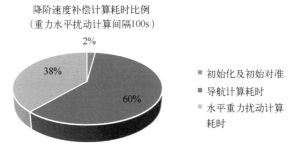

图 5.22 降阶速度补偿计算耗时比例图(计算时间间隔 100s)

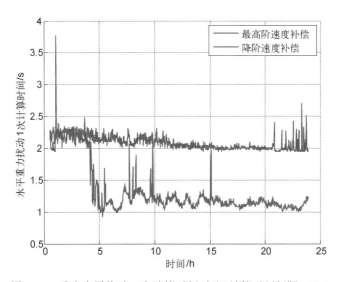

图 5.23 重力水平扰动 1 次计算时间对比(计算时间间隔 100s)

从图 5.23 可以看到,在试验船以 10kn 航速巡航时,最高阶速度补偿算法中计算 1 次重力水平扰动的时间约为 2s,而采用降阶速度补偿算法后 1 次重力水平扰动计算时间下降至 1s。

对计算间隔为 500s 时的最高阶速度补偿算法和降阶速度补偿算法进行分析,得到表 5.4、图 5.24 和图 5.25 等统计结果,重力水平扰动 1 次计算耗时对比如图 5.26 所示。

表 5.4　速度补偿计算耗时对比(计算时间间隔 500s)

计算耗时项/s	计算时间间隔 500s	
	最高阶速度补偿方法	降阶速度补偿方法
总计算耗时	1980.5	1909.0
初始化及初始对准耗时	53.1	52.0
导航计算耗时	1596.4	1642.8
重力水平扰动计算耗时	331.0	214.2
减少总计算耗时	71.5	
减少重力水平扰动计算耗时	116.8	

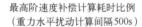

最高阶速度补偿计算耗时比例
(重力水平扰动计算间隔 500s)

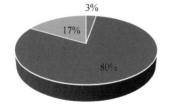

图 5.24　最高阶速度补偿计算耗时比例图(计算时间间隔 500s)

降阶速度补偿计算耗时比例
(重力水平扰动计算间隔 500s)

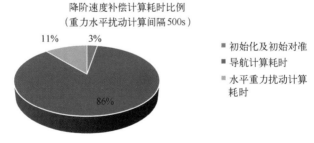

图 5.25　降阶速度补偿计算耗时比例图(计算时间间隔 500s)

从统计结果可以看到,两种算法在初始化、初始对准、导航计算阶段的耗时是基本一致的,采用降阶算法后,重力水平扰动计算时间减少 116.8s,减少比例为 35.3%,重力水平扰动计算耗时在整个计算中的比例由 17% 下降为 11%。

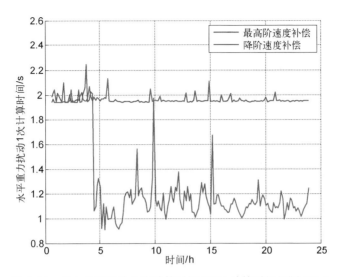

图 5.26 重力水平扰动 1 次计算时间对比(计算时间间隔 500s)

从图 5.26 可以看到,在试验船以 10kn 航速巡航时,最高阶速度补偿算法中计算 1 次重力水平扰动的时间约为 2s,而采用降阶算法时 1 次重力水平扰动计算时间下降至 1s。

通过定性和定量的试验分析,相比于最高阶速度补偿算法,降阶速度补偿算法具有减少重力水平扰动计算耗时的优点,在相同的计算载荷下可通过缩短重力水平扰动计算时间间隔来提升补偿效果,并且其补偿效果更加稳定。

5.5 重力水平扰动降阶姿态补偿算法验证

5.5.1 对比试验设计

5.4 节对降阶速度补偿算法的补偿效果进行了考察,本节将比较两种重力水平扰动姿态补偿方式以研究降阶姿态补偿算法的补偿效果,所述两种姿态补偿方式如下:

最高阶姿态补偿方式。使用最高阶次计算重力水平扰动,并将其用于重力水平扰动姿态补偿算法;

降阶姿态补偿方式。使用降阶阶次计算重力水平扰动,并将其用于重力水平扰动姿态补偿算法。

本节试验的目的在于通过上述两种补偿方式的对比,验证以下两点:

（1）将降阶计算的重力水平扰动数据用于重力水平扰动姿态补偿算法,补偿是否有效?

（2）进一步比较补偿效果,验证是否因计算阶次降低而使补偿效果减弱。

5.5.2 重力水平扰动计算结果对比

使用两种姿态补偿算法计算航线上的重力水平扰动对比如图 5.27 ~ 图 5.30 所示。

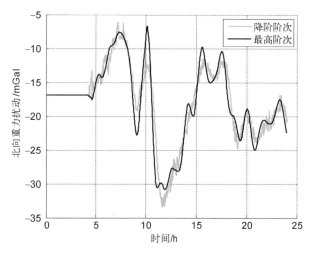

图 5.27 航线上的重力水平扰动北向分量计算结果(计算间隔 100s)

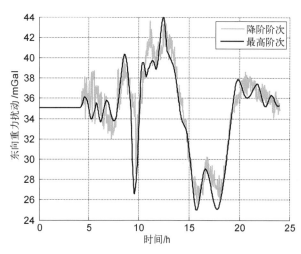

图 5.28 航线上的重力水平扰动东向分量计算结果(计算间隔 100s)

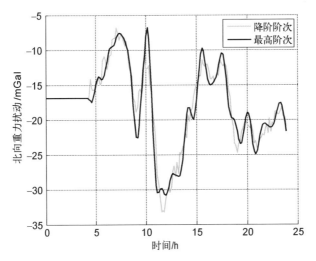

图 5.29　航线上的重力水平扰动北向分量计算结果(计算间隔 500s)

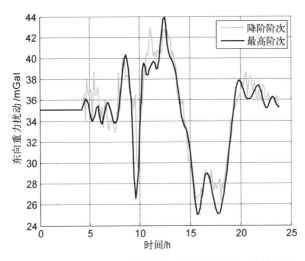

图 5.30　航线上的重力水平扰动东向分量计算结果(计算间隔 500s)

　　将本节计算的航线上的重力水平扰动与 5.4 节相比可以看到,使用降阶姿态补偿方法计算的重力水平扰动同样存在一定程度的抖动,出现抖动的原因也在于航速的快速变化导致了计算阶次的快速变化,计算阶次随航速的变化如图 5.31、图 5.32 所示。

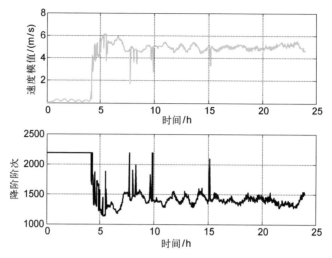

图 5.31　航速与降阶阶次—姿态补偿方法(计算间隔 100s)

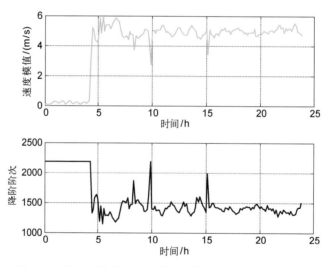

图 5.32　航速与降阶阶次—姿态补偿方法(计算间隔 500s)

▶ 5.5.3　补偿效果对比

对 5 种方式计算的定位误差进行比较,如表 5.5 所列,以验证降阶姿态补偿算法的有效性。

由图 5.33~图 5.35,首先看到最高阶姿态补偿方法和降阶姿态补偿方法计算的结果重叠在了一起,而且对计算间隔的变化不敏感。

表 5.5　导航误差对比—姿态补偿方法

误 差 结 果	计 算 阶 次	计算间隔/s	补 偿 方 法
误差1	—	—	未补偿
误差2	最高阶次	100	姿态补偿
误差3	降阶阶次	100	姿态补偿
误差4	最高阶次	500	姿态补偿
误差5	降阶阶次	500	姿态补偿

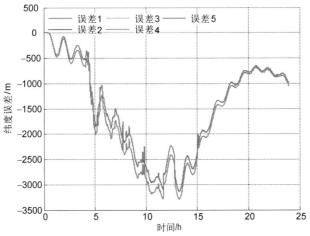

图 5.33　纬度误差对比—姿态补偿

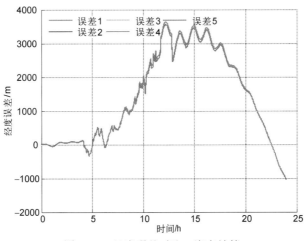

图 5.34　经度误差对比—姿态补偿

其次,使用降阶姿态补偿方法的惯性导航误差始终小于未补偿的情况,这个结果定性地回答了第一个问题,降阶姿态补偿方法是有效的。但与 5.4 节的结论不同,降阶与否对姿态补偿效果影响不大。

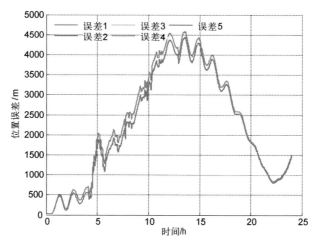

图 5.35　位置误差对比—姿态补偿

用未补偿时定位误差的绝对值减去补偿后定位误差的绝对值,如表 5.6 所列,可得到补偿后惯性导航精度提升程度,如图 5.36~图 5.38 所示。

表 5.6　补偿效果对比—姿态补偿

精度提升	计算阶次	计算间隔/s	补偿方法
提升 1	最高阶次	100	姿态补偿
提升 2	降阶阶次	100	姿态补偿
提升 3	最高阶次	500	姿态补偿
提升 4	降阶阶次	500	姿态补偿

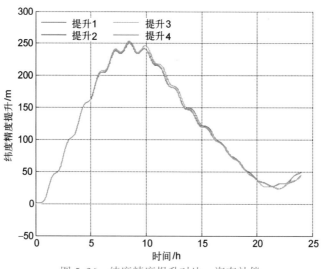

图 5.36　纬度精度提升对比—姿态补偿

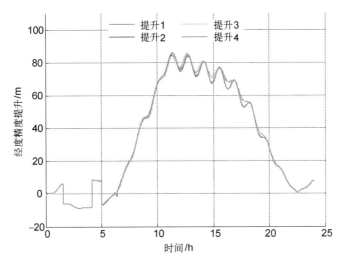

图 5.37 经度精度提升对比—姿态补偿

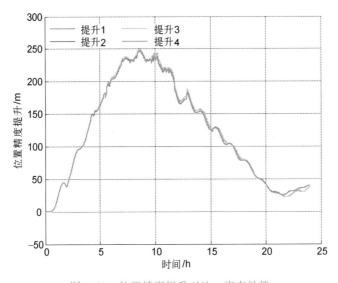

图 5.38 位置精度提升对比—姿态补偿

　　用图 5.38 中位置精度提升除以补偿前的位置误差绝对值,得到补偿后位置精度提升百分比,如图 5.39 所示,可以看到姿态补偿方法降阶与否对补偿效果影响不大,而且也对重力水平扰动的计算时间间隔不敏感,那就意味着可以使用低阶次的、计算间隔大的姿态补偿,达到与高阶次的、计算间隔小的姿态补偿相同的精度提升效果,即以较小的计算开销达到了相同的补偿效果。

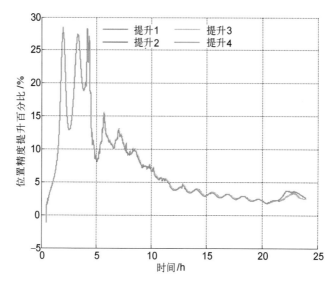

图 5.39　定位精度提升百分比—姿态补偿

　　下面进一步分析和比较最高阶姿态补偿算法和降阶姿态补偿方法的计算耗时,采用与 5.4 节相同的程序执行时间测量方案。

　　对计算间隔为 100s 时的最高阶姿态补偿算法和降阶姿态补偿算法进行分析,得到表 5.7、图 5.40、图 5.41、图 5.43 和图 5.44 等统计结果,重力水平扰动 1 次计算耗时对比如图 5.42 所示。

表 5.7　姿态补偿计算耗时对比(计算时间间隔 100s)

计算耗时项/s	计算时间间隔 100s	
	最高阶姿态补偿方法	降阶姿态补偿方法
总计算耗时	3610.8	3038.8
初始化及初始对准耗时	57.1	56.8
导航计算耗时	1876.9	1909.4
重力水平扰动计算耗时	1676.8	1072.6
减少总计算耗时	572	
减少重力水平扰动计算耗时	604.2	

　　从统计结果可以看到,两种补偿算法在初始化、初始对准、导航计算阶段的耗时是基本一致的,采用降阶速度补偿算法后,程序总体执行时间减少了 572s,重力水平扰动计算时间减少 604.2s,重力水平扰动计算耗时在整个计算中的比例由 46% 下降为 35%。从图 5.42 可以看到,在试验船以约 10kn 航速巡航时,

最高阶姿态补偿计算耗时比例
（重力水平扰动计算间隔 100s）

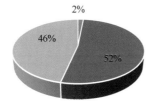

■ 初始化及初始对准
■ 导航计算耗时
■ 水平重力扰动计算
　耗时

图 5.40　最高阶姿态补偿计算耗时比例图（计算时间间隔 100s）

降阶姿态补偿计算耗时比例
（重力水平扰动计算间隔 100s）

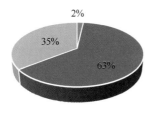

■ 初始化及初始对准
■ 导航计算耗时
■ 水平重力扰动计算
　耗时

图 5.41　降阶姿态补偿计算耗时比例图（计算时间间隔 100s）

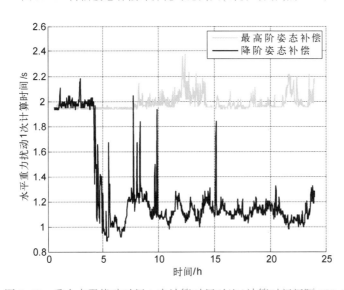

图 5.42　重力水平扰动时间 1 次计算时间对比（计算时间间隔 100s）

最高阶姿态补偿算法中计算 1 次重力水平扰动的时间为 2s 左右，而采用降阶姿
态补偿算法后 1 次重力水平扰动计算时间下降至 1s。

对计算间隔为 500s 时的最高阶姿态补偿算法和降阶姿态补偿算法进行分析,得到表 5.8、图 4.68 和图 4.69 等统计结果,重力水平扰动 1 次计算耗时对比如图 5.45 所示。

表 5.8　姿态补偿计算耗时对比(计算时间间隔 500s)

计算耗时项/s	计算时间间隔 500s	
	最高阶姿态补偿方法	降阶姿态补偿方法
总计算耗时	2203.3	2116.8
初始化及初始对准耗时	58.2	57.8
导航计算耗时	1815.4	1842.8
重力水平扰动计算耗时	329.7	216.2
减少总计算耗时	86.5	
减少重力水平扰动计算耗时	113.5	

图 5.43　最高阶姿态补偿计算耗时比例图(计算时间间隔 500s)

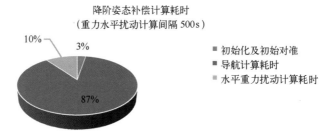

图 5.44　降阶姿态补偿计算耗时比例图(计算时间间隔 500s)

从统计结果可以看到,两种姿态补偿算法在初始化、初始对准、导航计算阶段的耗时是基本相当的,采用降阶姿态补偿算法后,重力水平扰动计算时间减少 113.5s,减少比例为 34.43%,重力水平扰动计算耗时在整个计算中的比例由 14.9%下降为 10.2%。从图 5.45 可以看到,在试验船以约 10kn 航速巡航时,最

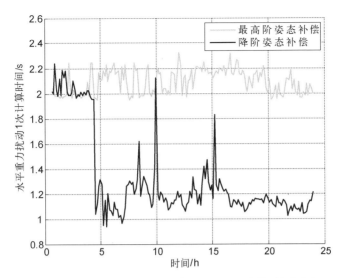

图 5.45　重力水平扰动时间 1 次计算时间对比(计算时间间隔 500s)

高阶速度补偿算法中计算 1 次重力水平扰动的时间为 2s 左右,而采用降阶速度补偿算法后 1 次重力水平扰动计算时间下降至 1s。

综上,通过定性和定量的试验分析,降阶姿态补偿算法与最高阶姿态补偿算法精度相当,且在较大的重力水平扰动计算时间间隔条件下,仍能够保持较好的补偿效果,因此降阶姿态补偿算法具有在保持补偿效果相当的条件下减小计算载荷的优点。

5.6　重力水平扰动降阶补偿算法比较

前两小节分别研究了降阶速度补偿算法和降阶姿态补偿算法的补偿效果,根据前面的试验结论,两种补偿算法的特点归纳如表 5.9 所列。

表 5.9　降阶速度补偿算法与降阶姿态补偿算法对比

补 偿 方 法	有效性	与最高阶补偿相比	增大重力水平扰动计算间隔
降阶速度补偿方法	有效	总体趋势一致,振荡幅度更小	补偿效果有所下降
降阶姿态补偿方法	有效	补偿效果几乎一致	补偿效果基本不变

对两种降阶算法的补偿效果进行如下对比,如图 5.46~图 5.48 所示:

当重力水平扰动计算间隔为 100s 时,velocity–100 为降阶速度补偿结果,attitude–100 为降阶姿态补偿结果;当计算间隔为 500s 时,velocity–500 为降阶

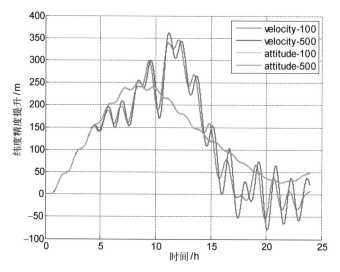

图 5.46 纬度补偿效果对比(计算时间间隔 100s)

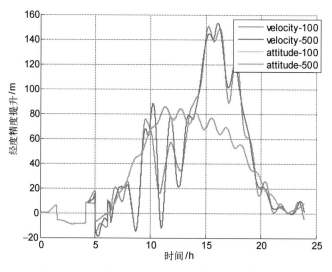

图 5.47 经度补偿效果对比(计算时间间隔 100s)

速度补偿结果,attitude-500 为降阶姿态补偿结果。

从对比结果上看,降阶速度补偿方法与降阶姿态补偿方法的相对精度与特点与第 3 章中所得到的结论一致,两种降阶补偿算法的补偿效果总体趋势一致,而降阶姿态补偿方法的振荡更小且在计算时间间隔增大的情况下保持补偿效果不变。

对两种降阶补偿方法的计算耗时比较如表 5.10、表 5.11 所列。

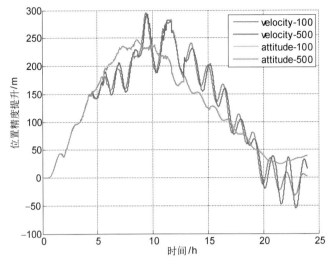

图 5.48 位置补偿效果对比(计算时间间隔 100s)

表 5.10 降阶补偿方法计算耗时对比(计算时间间隔 100s)

计算耗时项/s	计算时间间隔 100s	
	降阶速度补偿方法	降阶姿态补偿方法
总计算耗时	2938.3	3038.8
初始化及初始对准耗时	63.1	56.8
导航计算耗时	1748.6	1909.4
重力水平扰动计算耗时	1126.6	1072.6

表 5.11 降阶补偿方法计算耗时对比(计算时间间隔 500s)

计算耗时项/s	计算时间间隔 500s	
	降阶速度补偿方法	降阶姿态补偿方法
总计算耗时	1909.0	2116.8
初始化及初始对准耗时	52.0	57.8
导航计算耗时	1642.8	1842.8
重力水平扰动计算耗时	214.2	216.2

两种降阶算法在重力水平扰动计算上的耗时基本一致。但是,降阶姿态补偿算法的总耗时均大于降阶速度补偿方法,通过对比发现降阶姿态补偿算法中的导航计算耗时消耗了更多的时间,从 3.3 节可知,这是因为姿态补偿方法在更新速度、位置以及计算转移角速度时,需要完成 2 次 n' 系与 n 系的转换,因此

降阶补偿算法在导航计算耗时上消耗了更多的时间。

上述比较表明,降阶姿态补偿算法的补偿效果更加稳定,而降阶速度算法的计算量更小,在工程应用中根据导航计算机载荷能力、实时性要求等因素选择合适的降阶算法补偿重力水平扰动。

5.7　本　章　小　结

本章从惯性导航重力补偿对重力水平扰动数据的需求出发,研究了重力水平扰动最优阶次,并将其与第 3 章提出的重力水平扰动补偿方法结合,得到降阶补偿方法,通过船载试验数据对降阶重力水平扰动补偿方法进行了验证。

第6章　总结与展望

6.1　全　文　总　结

针对水下长航时高精度导航需求,开展惯性导航重力补偿方法研究。从坐标系和矢量计算角度分析了重力水平扰动引起惯性导航误差机理,并基于分析结论提出了两种重力水平扰动补偿算法,而后考虑了该补偿算法在工程应用中所涉及的两个关键技术问题,形成适于工程应用的惯性导航重力补偿方法,主要研究成果归纳如下:

1. 对重力水平扰动引起惯性导航误差的机理开展研究

从坐标系定义与矢量计算角度,同时分析了重力水平扰动对初始对准与导航计算的影响,重力水平扰动引起惯性导航误差机理在于,重力水平扰动使初始对准中所建立的导航坐标系与推导导航计算方程所假设的坐标系不一致;导航计算方程中的各矢量是不同坐标系下的投影,不满足矢量计算法则。

2. 重力水平扰动补偿方法研究

根据重力水平扰动引起惯性导航误差机理分析结论,首先从理论上明确了重力水平扰动需要在初始对准与导航解算两个阶段都进行补偿,而不是仅在其中一个阶段补偿。针对两种不同的导航坐标系定义,提出了重力水平扰动速度补偿算法和重力水平扰动姿态补偿方法,通过仿真和海试试验数据验证了两种重力补偿算法的有效性。

3. 对加速度计零偏对重力水平扰动补偿效果的影响开展了研究

加速度计零偏与重力水平扰动的耦合将影响重力水平扰动补偿效果,在一定情况下甚至可能出现补偿重力水平扰动后惯性导航精度反而降低,因此在应用重力水平扰动补偿方法时必须考虑加速度计零偏的影响。

4. 对加速度计零偏估计方法研究

从捷联式重力测量的角度,提出了一种加速度计零偏估计方法。建立了捷联式重力矢量测量噪声模型,从理论上证明了重力矢量测量噪声在矢量测量误差中所占比重与重力场变化有关,这是分离加速度计零偏与重力矢量测量噪声的基本条件。基于此模型提出了一种加速度计零偏估计方法,通过仿真验证了加速度计零偏估计方法的有效性。

5. 降阶重力水平扰动补偿方法研究

从理论上分析了惯性导航对重力水平扰动补偿的需求,分析结论表明影响惯性导航精度的主要是频率低于舒勒频率的低频重力扰动,结合重力场球谐函数模型阶次与重力信号频率的关系,得到了对 INS 影响较大的模型阶次,将此分析结论与本书所提出的重力水平扰动补偿方法相结合,提出了重力水平扰动降阶补偿算法,并通过海试试验数据验证了重力水平扰动降阶算法的有效性。

6.2 研 究 展 望

针对惯性导航重力补偿方法开展研究,后续的工作可以从以下方面展开:

1. 重力水平扰动计算误差对补偿效果的影响

在本书的研究过程中,基于分离变量法思想,为了考察所提出的重力水平扰动补偿方法本身的精度,重力水平扰动数据是基于 GNSS 的位置通过重力场球谐函数模型计算得到的。在工程应用中,重力水平扰动数据只能通过惯导系统的位置计算得到,而惯导系统的位置是含有误差的,需要考虑重力水平扰动计算误差对补偿效果的影响。

2. 重力水平扰动补偿与重力匹配定位的结合

本书绪论中论述了重力补偿与重力匹配定位的相互促进关系,将本书所提出的重力水平扰动补偿方法与 ICCP 等重力匹配定位算法相结合,是一种更好地提升惯性导航精度的方法。

参 考 文 献

[1] 付梦印,刘飞,袁书明,等. 水下惯性/重力匹配自主导航综述[J]. 水下无人系统学报,2017,25 (02):31-43.

[2] 严卫生,徐德民,李俊,等. 自主水下航行器导航技术[J]. 火力与指挥控制,2004,29(06):11-15.

[3] 刘光军,袁书明,黄咏梅. 海底地形匹配技术研究[J]. 中国惯性技术学报,1999(01):21-24.

[4] 吴美平,刘颖,胡小平. ICP 算法在地磁辅助导航中的应用[J]. 航天控制,2007,25(06):17-21.

[5] 万晓云,张润宁,李洋,等. 基于球谐函数的重力异常和垂线偏差误差匹配关系[J]. 测绘学报, 2017,46(6):706-713.

[6] 姜磊,王宇. 高精度惯导系统重力扰动误差抑制技术[J]. 仪器仪表学报,2014(z2):146-150.

[7] Kayton M. Fundamental limitations on inertial measurements[J]. Guidance and Control,1962(8):367-394.

[8] Gelb A. Geodetic and geophysical uncertainties – Fundamental limitations on terrestrial inertial navigation [C]. Control and Flight Dynamics Conference. American Institute of Aeronautics and Astronautics,1968.

[9] Gelb A,Levine S A. Effect of deflections of the vertical on the performance of a terrestrial inertial navigation system[J]. Journal of Spacecraft and Rockets,1969,6(9):978-984.

[10] Nash R A. Effect of Vertical Deflections and Ocean Currents on a Maneuvering Ship[J]. IEEE Transactions on Aerospace and Electronic Systems,1968,AES-4(5):719-727.

[11] Nash R. The estimation and control of terrestrial inertial navigation system errors due to vertical deflections[J]. IEEE Transactions on Automatic Control,1968,13(4):329-338.

[12] Staas Jr P C. Mechanization equations for a schuler-tuned inertial navigation system vertically aligned to the mass-attraction gravity vector[M]. Defense Technical Information Center,1963.

[13] Jordan S K. Self-consistent statistical models for the gravity anomaly,vertical deflections,and undulation of the geoid[J]. Journal of Geophysical Research,1972,77(20):3660-3670.

[14] Jordan S K. Effects of Geodetic Uncertainties on a Damped Inertial Navigation System[J]. IEEE Transactions on Aerospace and Electronic Systems,1973,AES-9(5):741-752.

[15] Harriman D,Harrison J. A statistical analysis of gravity-induced errors in airborne inertial navigation [C]. 17th Fluid Dynamics,Plasma Dynamics,and Lasers Conference,1984.

[16] Chatfield A B,Bennett M,Chen T. Effect of gravity model inaccuracyon navigation performance[J]. AIAA Journal,1975,13(11):1494-1501.

[17] Hofmann-Wellenhof B,Moritz H. Physical Geodesy [M]. Springer Vienna,2009.

[18] Gerber M. Propagation of gravity gradiometer errors in an airborne inertial navigation system [C]. American Institute of Aeronautics and Astronautics,Guidance and Control Conference,1975.

[19] Heller W,Jordan S. Mechanization and error equations for two new gradiometer-aided inertial navigation system configurations [C]. American Institute of Aeronautics and Astronautics, Guidance and Control Conference,1975.

[20] Wells E M, Breakwell J V. study to determine the best utilization of gravity gradiometer information to improve inertial navigation system accuracy [C]. Guidance and Control Conference, 1980.

[21] Hanson P O . Correction for deflections of the vertical at the runup site [C]. IEEE PLANS '88. , Position Location and Navigation Symposium, Record. 'Navigation into the 21st Century'. IEEE, 1988:288-296.

[22] Moryl J, Rice H, Shinners S. The universal gravity module for enhanced submarine navigation [C]. IEEE 1998 Position Location and Navigation Symposium, 1996:324-331.

[23] Gleason D M. Passive airborne navigation and terrain avoidance using gravity gradiometry[J]. Journal of Guidance, Control, and Dynamics, 1995,18(6):1450-1458.

[24] Tuohy S T, Patrikalakis N M, Leonard J J, et al. Map Based Navigation For Autonomous Underwater Vehicles[J]. International Journal of Offshore and Polar Engineering, 1996,6(01):9-18.

[25] Kamgar-parsi B, Rosenblum L J, Pipitone F J, et al. Toward an automated system for a correctly registered bathymetric chart[J]. IEEE Journal of Oceanic Engineering, 1989,14(4):314-325.

[26] Kamgar-parsi B. Matching sets of 3D line segments with application to polygonal arc matching[J]. IEEE Transactions on Pattern Analysis and Machine Intelligence, 1997,19(10):1090-1099.

[27] Kamgar-parsi B. Registration algorithms for geophysical maps[C]. Oceans '97. MTS/IEEE Conference Proceedings. IEEE, 1997,2:974-980.

[28] Kamgar-parsi B. Vehicle localization on gravity maps [C]. Unmanned Ground Vehicle Technology. International Society for Optics and Photonics, 1999,3693:182-191.

[29] Press W H, Teukolsky S A, Vetterling W T, et al. Numerical recipes in C (2nd ed.):the art of scientific computing [M]. New York:Cambridge University Press, 1992.

[30] Bishop G. Gravitational field maps and navigational errors [unmanned underwater vehicles][J]. IEEE Journal of Oceanic Engineering, 2002,27(3):726-737.

[31] Oliver M A, Webster R. Kriging:a method of interpolation for geographical information systems[J]. International Journal of Geographical Information Systems, 1990,4(3):313-332.

[32] Jekeli C. Precision Free-Inertial Navigation with Gravity Compensation by an Onboard Gradiometer[J]. Journal of Guidance, Control, and Dynamics, 2006,29(3):704-713.

[33] Kasevich M, Chu S. Measurement of the gravitational accelleration of an atom with a light-pulse atom interferometer[J]. Applied Physics B-Photophysics and Laser Chemistry, 1992,54(5):321-332.

[34] Gustavson T L, Bouyer P, Kasevich M A. Precision rotation measurements with an atom interferometer gyroscope[J]. Physical Review Letters, 1997,78(11):2046-2049.

[35] Richeson J. Gravity gradiometer aided inertial navigation within non-GNSS environments[D]. College Park, MD, USA:University of Maryland, 2008.

[36] Jekeli C. The Gravity Gradiometer Survey System (GGSS)[J]. Eos, Transactions American Geophysical Union, 1988,69(8):105-117.

[37] Forward R L. Research toward feasibility of an instrument for measuring vertical gradients of gravity[R]. Hughes Research Laboratories, 1967.

[38] Rice H, Mendelsohn L, Aarons R, et al. Next generation marine precision navigation system[C]. IEEE 2000. Position Location and Navigation Symposium, 2000:200-206.

[39] Guiles M. HOFMEYER C A A 1993. Rotating Accelerometer Gradiometer [P]. U. S. Patent 5,357,

802,1994-10-25.

[40] 王晶,杨功流,李湘云,等.重力扰动矢量对惯导系统影响误差项指标分析[J].中国惯性技术学报,2016,24(03):285-290.

[41] 周潇,杨功流,王晶,等.基于 Kalman 滤波原理对惯导中重力扰动的估计及补偿方法[J].中国惯性技术学报,2015,23(06):721-726.

[42] 朱庄生,周朋.重力辅助惯性导航中的重力场多尺度特性研究[J].地球物理学进展,2011,26(5):1868-1873.

[43] 程力.重力辅助惯性导航系统匹配方法研究[D].南京:东南大学,2007.

[44] 彭富清.海洋重力辅助导航方法及应用[D].郑州:解放军信息工程大学,2009.

[45] 李姗姗.水下重力辅助惯性导航的理论与方法研究[D].郑州:解放军信息工程大学,2010.

[46] 王文晶.基于重力和环境特征的水下导航定位方法研究[D].哈尔滨:哈尔滨工程大学,2009.

[47] 姚剑奇.水下重力辅助导航定位方法研究[D].哈尔滨:哈尔滨工程大学,2015.

[48] 周潇,杨功流,蔡庆中.基于小波神经网络的高精度惯导重力扰动补偿方法[J].中国惯性技术学报,2016,24(05):571-576.

[49] 郭恩志,房建成,俞文伯.一种重力异常对弹道导弹惯性导航精度影响的补偿方法[J].中国惯性技术学报,2005,13(03):30-33.

[50] 尧颖婷,沈晓蓉,邹尧,等.捷联惯性导航系统重力扰动影响分析[J].大地测量与地球动力学,2011,31(6):159-163.

[51] 陆志东,王晶.高精度惯性导航系统重力补偿方法[J].航空科学技术,2016,27(08):1-6.

[52] 刘晓刚,吴晓平,赵东明,等.EGM96 和 EGM2008 地球重力场模型计算弹道扰动引力的比较[J].大地测量与地球动力学,2009,29(5):62-67.

[53] 金际航,边少锋,李胜全,等.重力梯度仪辅助惯导导航的误差分析[J].海洋测绘,2010,30(5):21-23,26.

[54] Wang J,Yang G L,Li X Y,et al. Application of the spherical harmonic gravity model in high precision inertial navigation systems[J]. Measurement Science and Technology,2016,27(9):10.

[55] Wang J,Yang G,Li J,et al. An Online Gravity Modeling MethodApplied for High Precision Free-INS [J]. Sensors (Basel),2016,16(10):1541.

[56] Zhou X,Yang G L,Wang J,et al. An improved gravity compensation method for high-precision free-INS based on MEC-BP-AdaBoost[J]. Measurement Science and Technology,2016,27(12):10.

[57] Zhou X,Yang G L,Cai Q Z,et al. A Novel Gravity Compensation Method for High Precision Free-INS Based on "Extreme Learning Machine"[J]. Sensors,2016,16(12):14.

[58] 吴太旗,黄谟涛,边少锋.高精度惯性导航系统的重力场影响模式分析[J].测绘通报,2009,(5):5-8,71.

[59] 吴太旗,王克平,金际航,等.水下实测重力数据归算[J].中国惯性技术学报,2009,17(3):324-327.

[60] 卢桢.重力辅助惯性导航仿真系统设计与实现[D].南京:东南大学,2010.

[61] 张天光,王秀萍,王丽霞.捷联惯性导航技术[M].北京:国防工业出版社,2017.

[62] 于永军,刘建业,熊智,等.高动态载体高精度捷联惯导算法[J].中国惯性技术学报,2011,19(2):136-139.

[63] 胡佩达,高钟毓,吴秋平,等.船用惯导系统姿态角微分估计算法[J].中国惯性技术学报,2011,

16(4):415-418.

[86] 周江华,苗育红,肖刚. 扩展旋转矢量捷联姿态算法[J]. 宇航学报,2003,24(4):414-417.

[87] 林雪原,刘建业,刘红. 一种改进的激光捷联旋转矢量姿态算法[J]. 南京航空航天大学学报(英文版),2003,20(1):47-52.

[88] 严恭敏,翁浚,杨小康,等. 基于毕卡迭代的捷联姿态更新精确数值解法[J]. 宇航学报,2017,38(12):1307-1313.

[89] 张荣辉,贾宏光,陈涛,等. 基于四元数法的捷联式惯性导航系统的姿态解算[J]. 光学精密工程,2008,16(10):1963-1970.

[90] 杜海龙,张荣辉,刘平,等. 捷联惯导系统姿态解算模块的实现[J]. 光学精密工程,2008,16(10):1956-1962.

[91] 张朝霞,凌明祥,张树侠. 捷联惯导系统姿态算法的研究[J]. 中国惯性技术学报,1999(1):13-16.

[92] 先治文,胡小平,练军想,等. 惯导系统高精度动态对准技术研究[J]. 控制工程,2013,20(01):110-114.

[93] 高伟,陆强,曹洁,等. 水下潜器捷联惯导系统初始对准技术研究[J]. 中国航海,2003(03):7-10.

[94] 高伟,郝燕玲,蔡同英. 摇摆状态下捷联惯导系统初始对准技术的研究[J]. 中国惯性技术学报,2004,12(03):16-20.

[95] 徐博,孙枫,高伟. 舰船捷联航姿系统自主粗对准仿真与实验研究[J]. 兵工学报,2008,29(12):1467-1473.

[96] 于飞,翟国富,高伟,等. 舰船捷联惯导系统粗对准方法研究[J]. 传感器与微系统,2009,28(05):15-18.

[97] 孙枫,王文晶,高伟,等. 用于无源重力导航的等值线匹配算法[J]. 仪器仪表学报,2009,30(04):817-822.

[98] 高伟,张鑫,于飞,等. 基于观测量扩充的捷联惯导快速初始对准方法[J]. 系统工程与电子技术,2011,33(11):2492-2495.

[99] 李开龙,高敬东,胡柏青,等. 一种基于水平精对准的阻尼网络设计[J]. 计算机仿真,2013,30(01):32-35.

[100] 许彩,胡柏青,常路宾,等. 捷联惯导惯性系初始对准算法研究与仿真[J]. 计算机仿真,2014,31(01):68-71.

[101] 徐祥,徐晓苏,张涛,等. 一种改良 Kalman 滤波参数辨识粗对准方法[J]. 中国惯性技术学报,2016,24(3):320-324,329.

[102] 苏宛新,黄春梅,刘培伟,等. 自适应 Kalman 滤波在 SINS 初始对准中的应用[J]. 中国惯性技术学报,2010,18(1):44-47.

[103] 程向红,郑梅. 捷联惯导系统初始对准中 Kalman 参数优化方法[J]. 中国惯性技术学报,2006,14(4):12-17.

[104] 铁俊波,吴美平,蔡劭琨,等. 基于 EGM2008 重力场球谐模型的水平重力扰动计算方法[J]. 中国惯性技术学报,2017,25(5):624-629.

[105] 章传银,郭春喜,陈俊勇,等. EGM2008 地球重力场模型在中国大陆适用性分析[J]. 测绘学报,2009,38(4):283-289.

[106] Wu R,Wu Q,Han F,et al. Gravity Compensation Using EGM2008 for High-Precision Long-Term Inertial Navigation Systems[J]. Sensors,2016,16(12):2177.

[107] Cong L,Zhao Z,Yang X. On gravity disturbance compensation technology of high-precision SINS based on B-spline method [C]. Proceedings of 2014 IEEE Chinese Guidance,Navigation and Control Conference,2014:16-18.

[108] Hao W,Xuan X,Zhi-hong D,et al. The Influence of Gravity Disturbance on High-Precision Long-Time INS and Its Compensation Method [C]. Fourth International Conference on Instrumentation and Measurement,Computer,Communication and Control,2014:104-108.

[109] Grewal M S,Weill L R,Andrews A P. Global Positioning Systems,Inertial Navigation,and Integration [M]. Hoboken:John Wiley & Sons,2007.

[110] Groves P D. Principles of GNSS,inertial,and multisensor integrated navigation systems[J]. IEEE Aerospace and Electronic Systems Magazine,2015,30(2):26-27.

19(3):273-276.

[64] 张家海,谢荣生,郝燕玲. 船用捷联惯导系统姿态解算的研究[J]. 电机与控制学报,2000,4(2): 74-76,97.

[65] 冯丹琼,徐晓苏. 船用捷联惯性导航系统姿态算法精度评估研究[J]. 中国惯性技术学报,2005, 13(4):10-13.

[66] 余杨,张洪钺. 高精度捷联姿态算法设计[J]. 中国惯性技术学报,2008,16(1):39-43.

[67] 魏小莹,林玉荣,邓正隆. 光纤陀螺捷联姿态算法的改进研究[J]. 中国惯性技术学报,2005,13 (2):70-74.

[68] 刘危,解旭辉,李圣怡. 捷联惯性导航系统的姿态算法[J]. 北京航空航天大学学报,2005,31 (1):45-50.

[69] 练军想,吴文启,吴美平,等. 车载 SINS 行进间初始对准方法[J]. 中国惯性技术学报,2007,15 (2):155-159.

[70] 杨亚非,谭久彬,邓正隆. 惯导系统初始对准技术综述[J]. 中国惯性技术学报,2002,10(2):68 -72.

[71] 杨晔,毋兴涛,杨建林,等. 方位捷联平台重力仪分布式 Kalman 滤波初始对准算法[J]. 中国惯性 技术学报,2014,22(2):191-194.

[72] 周琪,秦永元,张金红,等. 基于四元数卡尔曼滤波的捷联惯导初始对准算法[J]. 中国惯性技术 学报,2012,20(2):162-167.

[73] 夏喜旺,刘汉兵,杜涵. 基于改进拟欧拉角的飞行器姿态控制律设计[J]. 航天控制,2012,30 (5):55-60.

[74] 张力军,张士峰,杨华波,等. 基于欧拉角观测模型的航天器姿态确定方法[J]. 国防科技大学学 报,2012,34(6):84-88.

[75] 姬金祖,束长勇,黄沛霖. 欧拉角在飞行航迹仿真中的应用[J]. 南京航空航天大学学报,2014,46 (2):218-224.

[76] 陈光华. 三轴刚性地球自由旋转欧拉角变化数值模拟研究[J]. 测绘与空间地理信息,2009,32 (2):59-62.

[77] 刘恒春. 方向余弦矩阵的解析正交化[J]. 南京航空航天大学学报,1982,(2):69-78.

[78] 李连仲,王小虎,蔡述江. 捷联惯性导航、制导系统中方向余弦矩阵的递推算法[J]. 宇航学报, 2006,27(3):349-353.

[79] 周宗锡,吴方向,龚诚,等. 基于四元数的刚体姿态调节问题[J]. 西安交通大学学报,2002,36 (10):1037-1040.

[80] 王亚锋,刘华平,孙富春,等. 基于误差四元数的捷联惯导全姿态导航与控制[J]. 中国惯性技术 学报,2007,15(4):390-393.

[81] Tittertion D, Weston J L. Strapdown Inertial Navigation Technology [M]. Herts: Institution of Engineering and Technology,2004.

[82] 范奎武. 用四元数描述飞行器姿态时的几个基本问题[J]. 航天控制,2012,30(4):49-53.

[83] 马艳红,胡军. 姿态四元数相关问题[J]. 空间控制技术与应用,2008,34(3):55-60.

[84] 张帆,曹喜滨,邹经湘. 一种新的全角度四元数与欧拉角的转换算法[J]. 南京理工大学学报, 2002,26(4):376-380.

[85] 周绍磊,丛源材,李娟,等. 方向余弦矩阵中四元数提取算法比较[J]. 中国惯性技术学报,2008,